无人机系统设计

工业级实践指南

Industrial System Engineering for Drones
A Guide with Best Practices for Designing

尼拉吉·库马尔·辛格（Neeraj Kumar Singh）

[印]　　波塞尔万·穆图克里希南（Porselvan Muthukrishnan）　　著
萨蒂亚纳拉亚娜·桑皮尼（Satyanarayana Sanpini）

卢涛　译

机械工业出版社
China Machine Press

图书在版编目（CIP）数据

无人机系统设计：工业级实践指南 /（印）尼拉吉·库马尔·辛格，（印）波塞尔万·穆图克里希南，（印）萨蒂亚纳拉亚娜·桑皮尼著；卢涛译 . -- 北京：机械工业出版社，2022.1（机器人设计与制作系列）

书名原文：Industrial System Engineering for Drones: A Guide with Best Practices for Designing

ISBN 978-7-111-69616-2

I.①无… Ⅱ.①尼… ②波… ③萨… ④卢… Ⅲ.①无人驾驶飞机 - 系统设计 - 指南 Ⅳ.①V279-62

中国版本图书馆 CIP 数据核字（2021）第 241054 号

本书版权登记号：图字 01-2020-4429

First published in English under the title:

Industrial System Engineering for Drones: A Guide with Best Practices for Designing,

by Neeraj Kumar Singh, Porselvan Muthukrishnan, Satyanarayana Sanpini.

Copyright © Neeraj Kumar Singh, Porselvan Muthukrishnan, Satyanarayana Sanpini, 2019.

This edition has been translated and published under licence from

Apress Media, LLC, part of Springer Nature.

Chinese simplified language edition published by China Machine Press, Copyright © 2022.

This edition is licensed for distribution and sale in the People's Republic of China only, excluding Hong Kong, Taiwan and Macao and may not be distributed and sold elsewhere.

无人机系统设计：工业级实践指南

出版发行：机械工业出版社（北京市西城区百万庄大街 22 号 邮政编码：100037）

责任编辑：王春华 孙榕舒　　　　　　　　　　　责任校对：殷 虹

印　　刷：中国电影出版社印刷厂　　　　　　　　版　次：2022 年 1 月第 1 版第 1 次印刷

开　　本：186mm×240mm 1/16　　　　　　　　印　张：11.25

书　　号：ISBN 978-7-111-69616-2　　　　　　定　价：79.00 元

客服电话：（010）88361066 88379833 68326294　　投稿热线：（010）88379604

华章网站：www.hzbook.com　　　　　　　　　　读者信箱：hzjsj@hzbook.com

Acknowledgements | 致　谢

对所有在写作本书的过程中帮助过我们的人表达诚挚的谢意。

感谢 Vinay K. C. 和 Balachandar Santhanam 花时间指导我们写作和审阅本书，他们为本书的结构、内容和质量做出了巨大的贡献。

感谢英特尔公司管理层的支持和鼓励。

最重要的是，感谢家人和朋友对我们的理解与支持，以及一直以来给予的鼓励。

作者简介 | About the Authors

尼拉吉·库马尔·辛格（Neeraj Kumar Singh）是一名有超过 12 年经验的英特尔客户平台架构师，致力于软硬件协同设计、SoC 系统 / 平台架构以及系统软件设计和开发。著有 *System on Chip Interfaces for Low Power Design* 和 *The Impact of Loop Unrolling on Controller Delay in High Level Synthesis*。

波塞尔万·穆图克里希南（Porselvan Muthukrishnan）是一名有超过 10 年经验的英特尔物联网平台硬件 / 系统设计工程师，致力于硬件 / 系统设计。他目前从事家联网、车联网和其他物联网设备的系统设计。

萨蒂亚纳拉亚娜·桑皮尼（Satyanarayana Sanpini）在过去 17 年多的时间里一直致力于低功耗嵌入式系统架构以及 SoC 定义、架构和设计。他曾任职于初创企业 Ittiam、Beceem Communications 以及跨国公司博通、高通和英特尔的多个技术岗位。他目前住在印度班加罗尔，在英特尔印度中心工作。他在印度科技学院（IISc）获得了电子设计专业硕士学位。除了对科技的热爱，他还喜欢和他的孩子们一起通过旅游和徒步欣赏壮丽的自然风光。

Contents | 目　录

第 1 章

导　　论

系统设计是研究创建系统／产品的一门学科，涵盖从最初的需求到最终在现场进行部署的一系列阶段。这一主题的内容非常广泛，包含多个跨职能领域，如市场研究、规划、产品定义、硬件设计、软件设计、工业设计、验证、认证等。要在一本书中详细介绍所有这些内容非常困难。这可能就是很少有参考资料详细介绍系统设计的原因。本书试图简要介绍系统设计学科。

众所周知，现实世界中可能有各种各样的系统。本书的重点是典型的机电系统设计，特别是电气硬件系统设计。接下来将以复杂的无人机机电系统为例，全面介绍系统设计的过程和方法。尽管本书主要侧重于系统设计的电气部分，但仍涵盖了机械和软件等其他关键学科，以全面地介绍系统设计。在本书的最后，你将了解如何开发或选择多个子系统（"制造"或"采购"组件）以获得完备的系统（以无人机系统为例）。重点关注领域是动态变化的，但"制造"组件比"采购"组件更值得强调。硬件始终是大多数系统设计的重要组成部分，因此这就是本书要涵盖这么多细节的原因。

本书的结构如下：第 1 章简要介绍无人机系统及其关键组件；第 2 章介绍典型系统设计流程的细节；第 3 章深入探讨无人机系统的关键要素和选择过程；第 4 章详细介绍电子硬件开发过程；第 5 章介绍系统组装、定型和验证；第 6 章讨论软件开发过程和无人机系统中的实时软件；第 7 章总结系统在部署之前需要经历的最终认证过程；最后是两个附录，提供了其他基础知识和参考资料。

1.1　什么是无人机

无人驾驶飞行器（Unmanned Aerial Vehicle，UAV），通常称为无人机（Drone），是指没有人员驾驶的飞行器。UAV 是无人机系统中的一个组成部分，整个系统包括 UAV、地面控制器和两者之间的通信系统。UAV 的飞行可以由操作人员远程控制或由机载计算机自主操作。UAV 根据应用可分为不同类别，其应用领域非常广泛，通常分为三大类：军事、工业（企业）和商业。

1.1.1　军事

军事应用中的军用无人机用于防空目标演习、情报收集以及武器平台。

1.1.2　工业

无人机与物联网（Internet of Things，IoT）技术的集成创造了许多工业和企业用例：无人机与地面 IoT 传感器网络的对接可以帮助农业公司监控土地和农作物，帮助能源公司测量电力线和运营设备，以及帮助保险公司监视索赔和投保的财产。

1.1.3　商业

商业领域是一个不断发展的领域，市场上最大型、最坚固、最快速、功能最强的无人机主要面向专业群体。它们是电影产业投入使用的机器类型，商业机构使用它们来检查基础设施。一些令人印象深刻的自动驾驶无人机可以调查单个农民的田地。商用无人机是较小型的消费产品，仅占整个无人机市场的一小部分。图 1-1 显示了商用无人机的外形。

图 1-1　商用无人机

1.2　无人机系统的组成部分

从工程师的角度来看，无人机系统的关键组成部分是硬件、软件和机械元件。三者之间的完美平衡造就了完美的系统设计。

1.2.1　硬件

硬件是无人机系统的电气部分，即 PCBA（印制电路板组件）。硬件是多层 PCB，可容纳 SoC（片上系统）和通过敷铜走线（PCB 的一部分）或物理电线连接的子系统的不同组件。图 1-2 显示了 PCBA 装有 SoC 和子系统的顶面（正面）。

图 1-2　装有 SoC 和子系统的 PCBA

1. SoC

SoC 是当今系统（尤其是无人机系统）芯片上的微型计算机。它是半导体设备和集成电路，通常将数字、模拟、混合信号和射频设备集成在单个芯片上。SoC 最常用于移动计算和嵌入式系统。

通常，SoC 有三种类型：围绕微控制器构建的 SoC、围绕微处理器构建的 SoC 和针对特定应用而设计的专用 SoC。

SoC 通常比多芯片系统消耗的功率更少，并且成本更低。

注意　Intel Core、Atom 和 Quark 处理器都是单个封装上的 SoC。

图 1-3 显示了将数字、模拟和混合信号设备集成在单个芯片上的典型 SoC。位于 SoC 中心的器件是硅，一些电容器分布在 SoC 的顶面。SoC 的底面显示有引脚（在球栅阵列中称为球形触点），这些引脚焊接到 PCB，通过 PCB 走线建立与子系统的连接。你将在后面的部分中看到更多详细信息。

图 1-3　SoC 的顶面和底面外观

2. 子系统

子系统或电气子系统是满足系统预期用途所需的技术。广义上讲，子系统属于以下任何一种计算机体系结构部分等。

1）**输入设备**：触摸面板、键盘、鼠标、麦克风、摄像头、传感器和遥控器等。

2）**输出设备**：显示器、扬声器、电机、风扇和 LED 等。

3）**存储设备**：内存、闪存、硬盘驱动器、光盘驱动器、安全数字驱动器和固态驱动器等。

4）**通信设备**：有线 LAN（局域网）、无线 LAN、移动网络（3G、4G 和 LTE）、GPS（全球定位系统）和 USB 接口等。

上面列出的所有子系统都可能是特定无人机设计的一部分。应该根据应用目标选择正确的子系统作为无人机系统设计的一部分。

例如，如果无人机的预期应用是监视，则它应该配备高分辨率摄像头，并且系统中使用的 SoC 应该能够接收和处理来自该摄像头的高速数据。PCBA 的设计应使 SoC 和摄像头模块之间实现高速数据连接，然后能够通过无线通信模块传输实时或记录的数据。

除了 SoC 以外，摄像头模块、无线模块（Wi-Fi/3G/4G 模块）、内存、内置存储器、传感器和飞行控制器都是监视用无人机的基本子系统。图 1-4 是无人机内部的透视图，突出显示了一些可见的高级子系统。

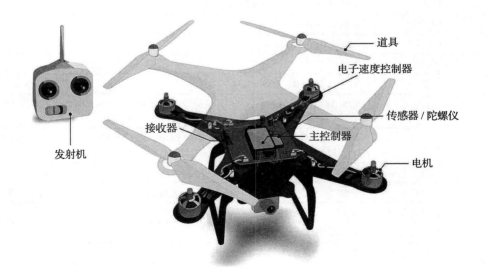

图 1-4　无人机的组成部分

子系统在定义产品的规格方面起着重要作用（"产品"指处于生产阶段并在市场上出售的系统）。最终用户会将这些子系统视为选择产品时的功能列表。典型的无人机将具有表 1-1 中的功能。

表 1-1　无人机的基本功能

功　能	规　格
摄像头像素	2MP，720p HD
控制器	2.4GHz
通道	4 通道
陀螺仪	6 轴控制
距离	通过移动电话控制约 164 英尺[⊖] / 由控制器控制约 262 英尺
四轴飞行器电池	3.7V 900mAh 锂电池

表 1-2 列出了无人机系统其他内部功能的规格。必须注意的是，具体规格因不同的无人机系统而异，此处的规格仅以一种无人机为例。如前所述，系统的应用目标可能不需要表中的某些子系统。

表 1-2　无人机系统的详细功能

子系统	功　能	规　格
网络	技术	GSM/CDMA/HSPA/EVDO/LTE
处理器	CPU	4 核 2.34GHz
	GPU	6 核显卡
内存	卡插槽	无
	内置	32/128/256GB，2GB RAM
摄像头	主摄像头	12MP（f/1.8，28mm，1/3″）、相位检测自动对焦、OIS、四灯双色调闪光灯、检查图像质量
	功能	地理位置标记、同步 4K 视频和 8MP 图像记录、触摸对焦、人脸 / 微笑检测、HDR（照片 / 全景）
	视频	2160p@30fps、1080p@30/60/120fps、720p@240fps、检查图像质量
	次摄像头	7MP（f/2.2，32mm）、1080p@30fps、720p@240fps、人脸检测、HDR、全景
声音	警报类型	振动
	扬声器	有，带立体声扬声器
	3.5mm 插孔	无

⊖　1 英尺≈0.3048 米。——编辑注

（续）

子系统	功　能	规　格
通信	WLAN	Wi-Fi 802.11 a/b/g/n/ac、双频、热点
	蓝牙	4.2、A2DP、LE
	GPS	有，使用 A-GPS、GLONASS、GALILEO、QZSS
	NFC	有
	USB	2.0，专有可逆连接器
传感器	传感器	指纹、加速度计、陀螺仪、测距仪、罗盘、气压计

1.2.2　软件

我们将在无人机系统上使用三类或四类软件：

1）**固件组件**：我们今天安装在系统上的许多硬件组件（设备）不仅仅是被动的硬件组件，它们具有相关的固件，可以帮助减轻某些活动的负载，而无须 CPU 干预。

2）**操作系统和驱动程序**：通常，在基于操作系统的环境中，为了保持设备使用的一致性并建立安全级别，软件分为系统和应用程序域。不同的操作系统对同一域使用不同的术语：系统域和应用程序域。这种分离通常使用硬件提供的保护和分离机制。而不同的 SoC 架构可以实现或提供不同的保护和隔离方式。广义上讲，软件的系统部分有两个部分：

- 控制器和设备的驱动程序，提供对硬件的访问并序列化来自不同软件组件的访问请求。
- 资源（设备 / 控制器、处理器和内存）的整体管理以及调度等。它还提供了用于跨系统中各种**实体**（硬件和软件）进行通信的基础结构。这部分通常称为操作系统（OS）。鉴于用途的性质，无人机需要使用实时操作系统（RTOS）。RTOS 是一类操作系统，提供一种机制来确保对流程完成的更高的时间要求。

3）**传感、导航和控制**：对于无人机来说，传感、导航和控制是最重要的。它的第一部分是传感基础结构，为导航系统提供数据，从而触发控制决策。

4）**特定应用的专用组件**：除了前三个基本组件之外，可能还会有一些特定应用的专用组件（软件和硬件）。以监视用无人机为例，系统将包含图像采集、处理和传输相关的组件。特定应用的专用组件利用"操作系统和驱动程序"部分来实现目标。

1.2.3　机械

基本的机械系统包括无人机的外壳、外形或简单 ID（工业设计）。ID 确定了无人机的形状和外观。无人机的 ID 通常会在复杂的组装中具有多个机械零件，而电气零件则通过机械或热连接相连。

如图 1-1 所示，最流行的无人机有一个四轴飞行器，它是由 X 形框架或 H 形框架构成的，每端各有四个伺服电机 / 螺旋桨单元，还有许多其他机械零件，而 PCBA 则用塑料封装。

以框架为基础的无人机包括螺旋桨、电机、起落架、机身（通常为 PCBA、飞行控制器和电机驱动器）和电池。

注意　较重的无人机使用的是电池以外的替代燃料，如太阳能或汽油。使用这些燃料的无人机不仅重量重，而且使用不同的技术，并为不同的用途而设计。

PCBA 通常被认为是系统中的单独机械部件。PCBA 是系统的能源消耗部分，在运行时散发热量，所以它需要一个冷却系统。

典型的电子硬件装置会有一个散热片来散发集成电路产生的热量，通常还会有一个风扇用于在上部吹走多余的热量。风扇需要在系统的动力之外附加单独的动力，这种冷却机制称为"主动冷却"，而没有风扇的基于散热器的冷却机制称为"被动冷却"。被动冷却不需要额外的动力。

对于功耗非常低的系统，PCBA 的底面散发热量，不需要任何额外的冷却系统 / 机制就能自我维持。图 1-5 显示了一个无人机的机械部件。大多数机械部件都是定制的，可以由厂商内部设计，也可以由第三方机械专业设计师来设计。一些机械部件（如电机、螺丝和电缆）是现成的，可以直接从第三方供应商购买。

1.2.4　地面控制器和配件

与市场上的其他电子设备一样，地面控制器和配件是无人机运行的必要设备。

图 1-5　无人机的机械部件

最重要的配件是基于射频的无人机遥控器，它用于从远程位置控制无人机。另外，由于技术发展，无人机也可以通过智能手机控制，但前提是无人机能够连接到 3G/LTE 移动网络。其他功能（如视频流和采集）可以通过智能手机应用程序或 GUI（图形用户界面）从主机控制器完成。现在大多数无人机都是电池驱动的，充电器 / 电源适配器是系统的又一种重要配件。

其他可选配件还有 USB 数据线和坞站。图 1-6 显示了商用无人机的典型配件。

图 1-6　无人机的典型配件

1.3 小结

本书的目的是介绍系统设计的基础知识，重点介绍电气硬件系统设计，并以无人机系统为例来解析这些概念。

无人机是一个复杂的机电系统，由多个直接或间接连接的独立部件组成。本章简要介绍了无人机的关键子系统。子系统设计的更多细节将在下面的章节中介绍。

第 2 章
无人机系统设计流程

第 1 章介绍了无人机系统的基本原理以及无人机的基本组成，即硬件、软件和机械部分，还介绍了无人机的子系统以及它们如何与无人机产品的功能对应。

本章将主要讨论无人机系统的设计流程。此流程将帮助你深入学习无人机系统及其应用。首先介绍架构，包括所有的系统元素或模块，我们将针对硬件、软件和机械部分进行详细描述，帮助你快速理解跨职能工程师和对系统设计做出贡献的团队的工作。

本章将重点介绍系统设计的一般流程，并对无人机系统设计进行解释，还将在较高的层次上定义示例设计。有关无人机系统设计的各个阶段或步骤的具体细节将在后面的章节中介绍。

2.1 系统设计

系统设计通常由一组专家（或团队）完成，其中包括拥有不同专业知识和互补技能的硬件、软件和机械工程师。这些人通常由组件工程师、CAD 工程师、设计工程师、测试工程师和项目经理组成。很多时候，团队的组成取决于所设计和开发产品的性质。

一般来说，产品设计过程通常涉及三个主要方面：规格、架构和实现。

2.1.1　需求规格确定

需求规格确定是系统设计的第一步。需求规格确定步骤包括收集需求，并将它们转换为详细的担保文档作为参与设计的各个团队的起点。对于像无人机这样的复杂机电系统，需要来自电气、机械和软件的多个文档来理解设计。

产品需求文档（Product Requirement Document，PRD）是一个单独的源文档，它负责按顺序或并行地生成所有其他架构文档。

PRD 是目标系统的范围，由市场营销团队基于广泛的市场研究、客户要求和工程团队的投入而建立。工程团队同时收集需求、整理可行性分析的报告和结果。PRD 有时可以与系统需求文档（System Requirement Document，SRD）互换。不同的组织使用不同的术语，PRD 通常是市场团队、外部团队或非工程团队使用的术语，而 SRD 是设计团队或工程团队使用的术语。

2.1.2　架构

工程团队根据 PRD 的要求制定工程规格，说明满足 PRD 要求的可能性或者满足要求的偏差或替代方法。还有一些其他设计文档在较高的层次上表示硬件、软件和机制，以便向外部团队、跨职能团队和客户团队解释这些部分，在开始实际设计之前让每个人的理解都保持一致。

1. 机械设计

机械概念通常是在 CAD（计算机辅助设计）工具中完成的。输出通常是可以在任何 CAD 应用软件中打开 / 导入的标准文件格式或显示截面视图的多个图像文件，如目标 3D 模型概念的顶部、底部和截面视图。图 2-1 展示了使用 CAD 工具开发的无人机 X 形框架部分的 3D 模型文件。这并不局限于 X 形框架，其他机械部件（如外壳、螺丝和螺旋桨）需要以同样的方式设计以完成 3D 模型。像 PCB 和连接线这样的电子元件在不同的电子 CAD 工具中建模，然后导入机械 CAD 工具中，得到无人机的完整 3D 概念。3D 模型中零件的尺寸和公差需要更加精确，以避免在制造过程中出现缺陷。机械概念通常是工程规格的一部分，它提供了满足 PRD 要求的概率和风险。

尽管优秀的系统设计需要硬件、软件和机械部分达到完美平衡，但消费型无人机的关键卖点之一是机械部件的美观。因此，初始阶段很多注意力都集中在机械设计上。像大多数其他设计工作一样，机械设计是一个迭代的过程，这意味着你从最初的概念开始，然后基于反馈对其进行迭代。在详细设计阶段，硬件和软件会在中间或后面的时间点经历一些小的变化。

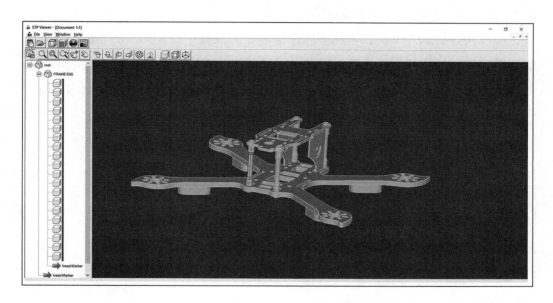

图 2-1　一个 X 形框架的 3D 模型

3D 模型可用不同的机械 CAD 工具来开发。输出文件以特定的格式生成，以便使用其他应用程序或查看工具轻松查看。查看工具是 CAD 工具的轻量级版本，不需要任何许可证，可以安装在具备最低限度图形功能的硬件上。在架构和设计阶段，跨职能工程师通常使用查看工具来查看产品的实际 3D 模型，其中一个例子如图 2-1 所示。可以使用 step 查看工具查看完整的 X 框架 step 文件。step 文件是使用最广泛的文件格式（.STEP）。ISO 10303 标准格式可以在 CAD 中表示 3D 对象和相关信息。

随着 3D 打印技术的兴起，机械设计过程在过去几年里不断发展。新的消费者友好型 3D 打印机可以生成立体的物体。3D 打印机用一种类似塑料的物质来打印（创建）物体，而传统的打印机则是将墨水涂在纸上。如今，根据 3D 机械模型构建原型更酷，这与硬件设计不同，硬件设计在系统设计中仍然占据更重要的位置。

2. 硬件设计

过去，电子领域的新产品设计和开发被定义为硬件设计。如今，情况并非如此，硬件设计只是产品设计的一部分。概念级或架构级的硬件设计通常用电气框图来解释，其中通过兼容的电气接口将所有电气部件连接起来。一般来说，所有的部件都连接到 SoC，它通常被认为是系统的"大脑"。一些部件可以直接相互连接，而不是连接到 SoC，因为这些部件是独立的或属于特定部件的功能要求。系统所需部件的关键列表还从较高层次上解释了产品结构。图 2-2 显示了硬件框图，包括所使用设备的零件号，以及硬件所需的关键物料清单。这些是制造无人机所需的最低限度的硬件模块，更多的细节将在后面的章节中介绍。

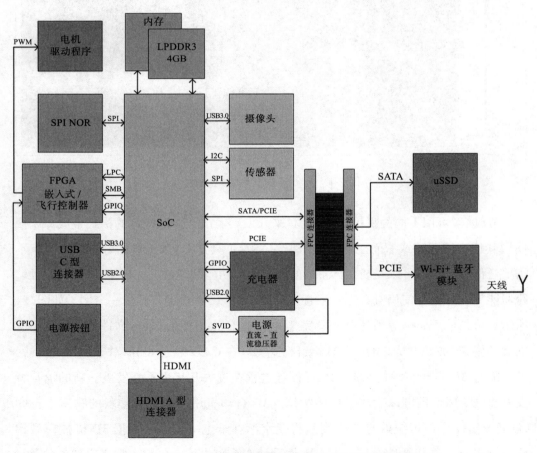

图 2-2　无人机硬件框图和关键物料清单

这个系统的硬件只是一个 PCBA。将这个框图整体转换成 PCBA 的过程在本书的实现部分有更详细的讨论。

3. 软件设计

系统中的完整功能是由硬件（HW）和软件（SW）共同提供的。以产品 PRD 为基础，进行 HW 和 SW 的划分。换句话说，它显示了所选功能的哪一部分由 HW 部件提供，哪些功能在 SW 中涵盖。划分完成后，就可以直接开始软件的设计和开发了。有各种软件设计实践和软件开发生命周期方法可以采用。本书的重点不是软件设计流程，因为它已经建立得足够好了，并且有足够多与软件产品生命周期有关的参考资料。

2.1.3　实现

这是设计师集中创意的阶段，从该阶段开始可以制定制造产品的计划。在此阶段工程师按照上一步中概述的计划来实现设计并构建原型。这个阶段的最后一步是测试产品，然后进行改进。实现部分将在后面的章节中详细解释。

2.1.4　我们的"农作物监测"无人机规格

为便于说明和讨论，本书将采用以下设计规格。表 2-1 中的规格也对应于如图 2-2 所示的架构图。

表 2-1　无人机硬件规格

子系统	功　能	规　格
处理	CPU	4 核 2.34GHz
存储	RAM	4GB
	外接	SD 卡 128GB
	内置	uSSD 128GB
摄像头	高光谱成像	线扫描，600～975nm，>100 波段，接口：USB 3.1
音频	报警类型	蜂鸣声、振动
	振动扬声器	有，配有立体声扬声器（根据情况）
通信	WLAN	Wi-Fi 802.11 a/b/g/n/ac、双频
	蓝牙	4.2、A2DP、LE
	GPS	有，A-GPS、GLONASS、GALILEO、QZSS

（续）

子系统	功 能	规 格
显示	HDMI	有
IO	C 型	C 型 USB3.1 用于数据通信、充电
传感器	传感器	加速度计、陀螺仪、测距仪、罗盘、气压计
其他	FPGA	飞行控制器、嵌入式控制器、电机 PWM 控制器

2.2 机械设计

正如在前一节中提到的，系统定义（创建）或选择正确的机械设计是所有一切的起点。下面将讨论在机械设计中做出选择时需要考虑的关键因素。

无人机并不是一个全新的概念。这个术语在 20 世纪初就已被用于无人飞行器。现在，不同类型的无人机已经被用于不同的用途。牢记这一点和应用目标，以此为基础创造一个完美的机械设计方案，该方案需包括硬件和软件，并且必须满足 PRD 列出的所有要求。

这款名为**农作物监测（Crop Squad）**的简单无人机专为农业应用而设计，功能包括监控农作物、分析当地作物健康状况、上传报告或将原始采集数据上传到数据中心以供进一步分析。从机械工程的角度来看，需要为这个无人机考虑一些特殊事项。

要实现这个特定的应用，**农作物监测**典型的机械需求是什么？

1）飞得很高的四轴飞行器以覆盖或观测较大范围的农业土地。

2）高光谱成像摄像头，定期采集农作物（叶子、茎和荚果）的图案或其他观察结果。

3）高速无线网络，将原始图像上传回数据中心进行进一步处理和分析，如果无人机装备了高速计算处理器，也可以进行本地分析。

4）远程操控无人机或在无人机上安装人工智能（AI），在没有任何控制的情况下独立完成任务。

从总体上看需求很简单，有四个变量：四轴飞行器、摄像头、无线网络和遥控器。但是创造一个机械设计并不那么简单：这幅蓝图中有许多变量。机械设计也取决于设计师个人的创造力。虽然产品（包括无人机）的外形或美学因素是由工业设计和市场营销驱动的，但设计工程师通常需要运用大量的创意和创新理念来满足需求。

图 2-3 显示了针对上述需求可以创作的不同类型的机械设计。每款无人机的设计都是独一无二的，它是由设计师来决定哪种设计最适合他们的应用。

图 2-3　可能的机械设计方案

2.2.1　定义

机械设计被定义为工业设计（ID）。大规模生产只能在工厂自动化工装过程中完成，因为这种活动往往是一个完全重复的过程。这意味着设计应该按工厂的可制造性标准预定义，而工厂应做好特定应用的专用 ID 的生产过程准备。

作为 ID 选择的一部分，材料的选择是很重要的，因为必须要让工厂能够处理这些材料。例如，金属和塑料的制造过程是完全不同的，所以工厂需要为金属和塑料准备不同的材料。

无人机的 X 形框架可以由塑料或金属制成。塑料零件和金属零件需要不同的设计，工厂的工艺很可能会根据材料的不同而改变。在其他条件相同的情况下，ID 是关键的决定因素之一，因为它会给客户留下第一印象，而良好的印象会增加产品的销量。

2.2.2 用途

PRD 列出了无人机的高层次应用。研究下一个层次的细节和理解无人机的实际用途是工程师的责任。例如，农业是无人机用于土壤和田野分析的广泛领域，包括播撒种子、灌溉、监测和收集作物健康报告。

如果一架无人机被设计为用于所有上述的用途，ID 和系统设计将是复杂的。即使系统设计为执行所有这些任务，设计也会超负荷，系统 CPU 单元可能无法用当前可用的技术支持多个并行活动。相反，一架无人机可以设计成为实现两到三种应用的组合。工程师必须清楚地标明正在制造的无人机的能力范围。

图 2-4 显示安装用于监测作物的高光谱摄像头的无人机。同一架无人机不能用于土壤和现场分析，也不能喷洒水或种子，除非内部配备相关模块。

图 2-4 用于监测农作物的农业无人机

2.2.3 需求

一旦了解了用途，工程师就可以把 PRD 的详细机械需求转换为下一级的 ID，包括硬件和软件。

PRD 和用途激发了工程师的创造力，催生了一种全新的无人机设计。工程师与跨职能团队合作，确定所需的材料、尺寸和 ID 的形状。

PCBA 被认为是硬件团队的单一机械部件。PCB 的尺寸是硬件工程师完成 ID 时最重要的需求。其他一些需求是电池尺寸、天线位置和 IO 连接器的位置。

图 2-5 显示了无人机 ID 中机械部件的典型堆叠。这也是无人机机械设计的横断面视图，每个部分的意义在下面解释。在不同的应用中，这种堆叠可能会有所不同。

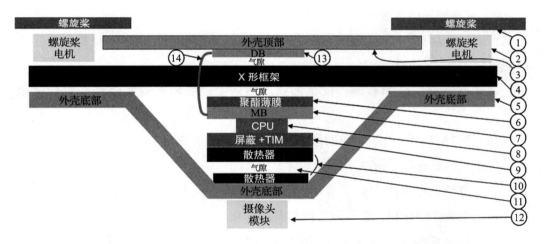

图 2-5　典型的无人机系统堆叠

1）**螺旋桨**：固定在电机旋转轴上的倾斜叶片。这些叶片提供推力，这就是无人机能飞得很高的原因。

2）**螺旋桨电机**：这是一个连接到 X 形框架四个角的直流电机。来自无人机电气系统的动力旋转叶片为无人机提供推力。

3）**外壳顶部**：无人机的塑料或纤维机械外壳保护内部电气和机械子系统免受外部干扰。外壳也为无人机产品提供了美观的外观。

4）X 形框架：这是无人机的主框架。无人机的所有其他机械部件和子系统都通过不同类型的紧固件或系带连接到 X 形框架上。X 形框架的尺寸和重量在各个方面是对称的，以实现无人机的平稳飞行。截面视图在 Y 轴上是对称的。

5）外壳底部：无人机的塑料或纤维机械外壳保护内部电气和机械子系统免受外部干扰。外壳也为无人机产品提供了美观的外观。

6）聚酯薄膜：一种聚酯树脂，用于制造耐热塑料薄膜和薄板。它作为 PCBA 的导电层和金属 X 形框架之间的绝缘层。

7）主板（MB）：系统的 PCBA 承载着系统的所有电气部件。通过修改 PCBA 的形状，同一层可以在 PCBA 的两侧容纳电池。

8）CPU：通常是 SoC，它是系统的处理单元。所有其他器件焊接在 PCBA 中毗邻中央处理器的同一层。

9）屏蔽和导热界面材料（TIM）：数字和射频设备通常需要屏蔽，以保护外部干扰或通过辐射保护外部设备。通过将屏蔽层连接到系统地面，可以抑制来自外界的辐射。

导热界面材料，如石墨，被粘贴在屏蔽层上，以辐射系统组件产生的多余热量。

10）散热器：在热源和辅助散热器之间传递热量的热交换器，其表面积和几何形状比热源更有利于散热。

11）气隙：在系统中必要的地方提供。由于系统中不可避免的原因，这种气隙起到了绝缘体的作用，也可以容纳材料的膨胀和收缩。

12）摄像头模块：在这个应用中，无人机最下面的部分是摄像头模块，摄像头附在底部，以便在无人机在高处飞行时具有更宽的视野（FOV）。大多数摄像头模块都可以通过 USB 3.1 接口接入 ISP 和 SoC。如果 SoC 集成了 ISP，那么摄像头传感器可以通过摄像头专用接口直接与 SoC 连接。

13）子板（DB）：如果不能把所有的成分都容纳在单个 PCBA 中，那么系统上可以有几个子板来容纳额外的成分。主板和子板可以通过板对板连接或柔性 PCB 连接来连接。在此无人机中，Wi-Fi+BT 模块不能装配在 X 形框架下面。因为金属 X 形框架可能会阻碍模块内嵌天线的信号。或者，此模块可以与外部天线装配在相同的 PCBA 中，这可能对 ID 不好。

14）FPC（柔性 PCB）：一般用于连接复杂系统中的一个或多个刚性 PCB。

2.2.4　依赖性

尽管工程师的创造力和想法生成了一个吸引人的 ID，但离散的零部件、子系统的位置和其他依赖性会限制其想法的实现。

多个离散零部件，如 X 形框架、电机、螺旋桨、PCBA、螺丝、垫圈、外壳、电池、FPC 和电缆通过各种电气和机械连接集成在一个 ID。除了离散的机械零部件，还有位于 PCBA 上的电气子系统，这些都在很大程度上影响了 ID 的设计。

例如，电源和 IO 连接器的位置决定了 ID 的前、后、上、下视图。通常 IO 连接器放置在 ID 的背面或底部，使它们对用户不可见。此外，无线组件的存在显著地影响了 ID 设计。天线是无线接口最重要的部分，其位置随移动网络、Wi-Fi 和其他射频遥控技术的不同而不同。

面对上述所有挑战，机械团队必须为产品构思出最好的 ID。

2.3　硬件设计

把图 2-2 中的框图或硬件架构转换成功能齐全的 PCBA 的过程称为硬件设计。硬件设计基本上专注于为系统提供所需的功能。PCBA 的开发从获取基于 PRD 的硬件需求开始，然后是元器件的选择和选择合适的 PCB 来连接元器件，最后是硬件的电源架构、设计和实现。

PCBA 被认为是 ID 中单独的机械部件。PCBA 的子系统和其他成分都是电子 BOM 的一部分。

2.3.1　硬件需求

硬件设计的第一步是理解硬件需求。硬件需求可能会因操作系统和整体系统设计而有所不同，而整体系统设计通常包括在 PRD 中。

对于提供类似功能的系统，可能会有多种选择。对于我们的示例，可能有不同的无人机变体，都可以提供概述的功能。区别来自系统中选择的组成部分。一般来说，有许多不同的模块都可以提供某些功能。但是，这些组件的功率、性能、延迟和持久性等方面可能存在差异。

一般来说，设备有最低限度的硬件规格，几乎不能满足需求。如果系统是用这些设备构建的，就是低端产品。低端产品通常性能较差、质量不高。所以它是所有产品或者市场中最便宜的。

除最低需求之外，有一些用于操作系统有效运行的推荐规格。就成本和质量而言，这些规格的产品属于中端范围。

此外，每个设备的硬件规格都有一个更高的上限，在这个上限下，系统将以高性能运行。所以这样的产品是市场上最高档或最高级的产品之一。

通常是使用硬件或设备来定义系统是低端产品还是高端产品。表 2-2 显示了无人机的硬件需求。

表 2-2　无人机硬件需求

功　能	关键组件需求	推　荐	依　赖
CPU	四核 2.34GHz	四核 2.34GHz	必需
内存	2GB LPDDR3	4GB LPDDR3	必需
存储	64GB uSSD	128GB uSSD	必需
摄像头	600～975nm，行扫描，高光谱成像	470～900nm，行扫描，高光谱成像	必需
Wi-Fi	802.11 1×1 ac 模块	M.2 12×16 802.11 1×1 ac 模块	必需
传感器	加速度计、环境光、陀螺仪、温度、海拔高度计、压力计	加速度计、环境光、陀螺仪、温度、海拔高度计、压力计	必需
IO 端口	1×USB Type C 1×uSD4.0 1×uSIM 1×PowerJack		必需
移动网络	LTE	M.2 LTE 模块	可选
FPGA			
PCB	12 层 HDI	8 层 HDI	必需
电源	集成	集成	必需
充电器	7.4V, 5A	7.4V, 5A	必需
电池	10 000mAh	10 000mAh	必需
DC 适配器	12V, 3A	12V, 3A	必需

2.3.2　电气配件选择

如第 1 章所述，系统的详细电气特征集与 PCBA 的电气配件直接相关。要根据对现有技术和预期技术发展的详细分析来选择配件。通常，根据工厂的生产能力，不同供应商提供的配件在成本、包装、技术和交货期方面有所不同。所选择的所有配件都应遵循 SoC 中使用的技术。SoC 作为中央处理单元，连接系统外设的所有配件。表 2-1 为系统电气配件清单。同样的清单将成为**物料**清单的关键组成部分，并添加制造商和制造商零件号详细信息。

BOM 和零部件采购

物料清单（BOM）是建立一个系统或产品所需的零部件清单。它包括原材料、组件、中间组件、子组件、部件，以及制造最终产品所需的每种部件的数量。组件可以用于建立合作伙伴之间的交流，也可以仅限于单个制造工厂。物料清单通常与生产订单相关联，生产订单的发出可能会产生对库存物料清单中组件的预订和对非库存组件的请购单。

建立一个系统或产品所需的材料清单称为系统 BOM。系统 BOM 本质上通常具有多个层次。BOM 或主组件中的每个组件都可以称为主 BOM 的一个子项。

类似地，构建 PCBA 所需的组件或材料列表称为电子 BOM（EBOM）。在大多数系统中，EBOM 是系统 BOM 的一部分，是主 BOM 的一个子项。

电子元件的选择一般基于以下关键参数：

- 可用性：可用性通常是一个部分的开发时间表。这部分的设计、建造日期、数量和交货期都应与项目进度相匹配。
- 生产状态：构建最终产品时，生产状态应该是活动的。建议采用非活动或寿命终止（EOL）的样品进行新设计。在设计阶段，如果不能提供生产样品的话，至少应该提供工程样品。
- 成本：成本是与制造商谈判的关键因素，以使总体目标 BOM 成本尽可能低。
- 工作温度：每种配件工作在不同的温度等级下，如商用、工业用和国防。如果操作温度范围增加，成本会增加。

注意   商用广泛接受的工作温度范围是 0～60℃，工业用是 –40～85℃，军用是 –55～125℃。

- 存储温度：设备／产品存储时的温度，通常为环境温度。

图 2-5 中显示的所有部件都是系统 BOM 中的子项。应该对需要从第三方供应商购买的部件进行保留。定制的部件如 X 形框架、外壳、头部吊具、PCBA 等，是在 OEM/ODM 工厂通过准备具体的无人机项目车间来完成的。

OEM（原始设备制造商）是制造无人机的公司，它是用不同制造商的名字销售的。

ODM（原始设计制造商）是指按照产品规格进行设计和制造的公司，它的产品被重新打上另一家公司的商标出售。

2.3.3 PCBA 设计

PCBA 设计是系统设计中的扩展过程。在架构阶段需要完成一定程度的前期工作。更多的细节将在接下来的章节中解释。

为一个系统选择合适的 PCB，需要检查以下参数：

- 加工尺寸
- PCB 类型
- PCB 层堆叠

1. PCBA 的尺寸

目标长度、宽度和厚度的 PCBA 是从机械设计中推导出来的。所有的材料都需要在 PCB 的给定长度、宽度和高度中进行调整。图 2-6 说明了 PCBA 的尺寸。

在本设计中，农作物监测无人机的尺寸属于中型商业无人机。这个 PCB 的尺寸大约比一张信用卡的尺寸略小，即 85mm×54mm。根据机械工程师的最终 ID 设计，目标 PCB 的尺寸略有不同。图中红线为 PCBA 的轮廓线，从该轮廓线可以看出尺寸为 XXmm。它实际上是 PCBA 的一个顶视图，显示了放在顶部组件的封装（footprint）。PCBA 和封装是使用 PCB CAD 工具创建的。

2. PCB 类型

可以在同一个系统中使用不同类型的 PCB。常见的 PCB 分为：

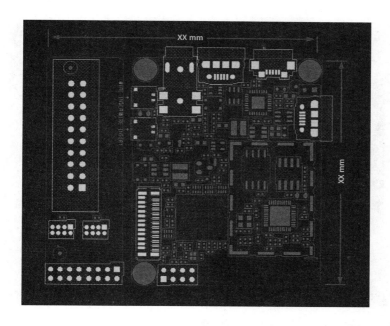

图 2-6　PCBA 的尺寸

- 刚性
- 柔性
- 混合（刚 – 柔）

刚性 PCB 是首选。柔性 PCB 用于刚性 PCB 不适合的复杂系统中。

图 2-1 显示的农作物监测无人机中，将 SSD 和 Wi-Fi 蓝牙模块的架构图放在单独的电路板上，通过 FPC 连接器与主板连接。这表明，无人机的电气部分分解成两个刚性的 PCBA，通过一个柔性 PCB 连接。其想法是将 Wi-Fi 模块放在一个单独的 PCB 上，以避免金属 X 形框架对嵌入式天线的阻碍，并消除对任何外置天线的需要。

在某些系统中，刚性的 PCB 被拆成小块，并通过柔性的 PCB 相连接，而没有任何外部连接，这也称为混合型 PCB。

图 2-7 显示了两个刚性 PCB 与柔性 PCB 的连接。从图中可以清楚地看出，刚性 PCB 不能折叠，而柔性 PCB 可以在最小弯曲半径的范围内向任意方向折叠。

图 2-7   混合型 PCB

3. 叠层

PCB 可以是单面或双面的。单面印制电路板是将元件放置在一面（顶部或底部）的印制电路板，而双面印制电路板的顶部和底部都有元件。单面印制电路板的优点是制造成本低，易于组装。在机械装配内部，非部件一侧不需要气隙。双面装配的制造难度和装配成本都很高，机械装配的两边都需要有气隙，因为两边都安装有部件。

在一个复杂的系统中，多层导电层和介电层夹在中间。层数、敷铜面和电介质厚度决定了 PCB 的整体厚度。

系统中电路的数量与功率层数成正比。高速和低速信号的信号数量、迹宽和密度决定了 PCB 的信号层数。

来自不同层的电力和信号通过"通孔"（垂直于 PCB 平面、连接各层导体的注铜的钻孔）连接。一个标准的 PCB 具有覆盖顶层到底层的通孔。HDI（高密度连接）PCB 有多个通孔结构，比如微通孔或堆叠通孔（只连接两个相邻层）、埋孔（连接内部层不接触任何外部层）、盲孔（连接顶层和组件下面的下一层）和穿透通孔。

PCB 堆叠是决定产品 EMC 性能的一个重要因素。一个好的堆叠可以非常有效地减少来自 PCB 上回路（差模发射）以及连接到电路板上的电缆（共模发射）的辐射。另一方面，不良的堆叠会大大增加这两种机制的辐射。

图 2-8 所示为 3-6-3+ PCB 的部分层堆叠，埋孔（4～9）连接 6 个内层，穿透通孔（1～12）连接全部 16 层，上 4 层和下 4 层分别通过微通孔或堆叠通孔连接相邻层。表的第一列显示层名（即信号层或电力层）。信号层是对具有特定阻抗的实际信号进行路由的层。电力层是由承载在 PCBA 的 IC 中不同电源的一个或多个铜平面。第二列显示层类型。层类型为以盎司计的厚度，导电镀层为"1/3oz+镀层"的导电层，或材料性能为"PP1067/1078"的介电层。另外两栏显示每一层的厚度和公差，单位为毫米。堆叠的最后一列是介电材料的介电常数。一般来说，堆叠会有更多的列，包括实现目标阻抗信号的迹宽。

层名	层类型	完工厚度（毫米）	公差（毫米）	介电常数（Er）1GHz
S/M		0.030		
TOP (Sig/PWR/GND)	1/3oz+plating	0.033	+/-0.010	
	PP1067/1078	0.068	+/-0.015	3.5~3.8
L2 (GND)	1/3oz+plating	0.030	+/-0.010	
	PP1067/1078	0.065	+/-0.015	3.5~3.8
L3(Sig/PWR/GND)	1/3oz+plating	0.022	+/-0.010	
	PP1067/1078	0.068	+/-0.015	3.5~3.8
L4(Sig/PWR/GND)	1/3oz+plating	0.035	+/-0.010	
	PP1067/1078	0.065	+/-0.015	3.5~3.8
L5(Sig/PWR/GND)	H oz	0.017	+/-0.010	
	core	0.064	+/-0.015	3.5~3.8
L6(Sig/PWR/GND)	H oz	0.017	+/-0.010	
	core 14mil+PP	0.610	+/-0.060	3.5~3.8
L7(Sig)	H oz	0.017	+/-0.010	
	core	0.064	+/-0.015	3.5~3.8
L8(GND)	H oz	0.017	+/-0.010	
	PP1067/1078	0.065	+/-0.015	3.5~3.8
L9(Sig)	1/3oz+plating	0.035	+/-0.010	
	PP1067/1078	0.068	+/-0.015	3.5~3.8
L10(GND)	1/3oz+plating	0.022	+/-0.010	
	PP1067/1078	0.065	+/-0.015	3.5~3.8
L11(Sig/PWR/GND)	1/3oz+plating	0.030	+/-0.010	
	PP1067/1078	0.068	+/-0.015	3.5~3.8
BOT (Sig/PWR/GND)	1/3oz+plating	0.033	+/-0.010	
S/M		0.030		
		1.638		

图 2-8　PCB 的层堆叠

选择合适的 PCB 层堆叠需要做详细的可行性研究。通常，通过电气设计工程师和 CAD 工程师的共同努力，以最少的层数来完成层规划和电路研究，以达到正确的堆叠。

在图 2-2 中，PCB 上有高速电气连接，如 SATA、USB 3.1、HDMI 和 PCIE。考虑到电路板的尺寸和高速信号的密度，在初步评估的基础上，设计可能需要 6 个信号层和 6 个电力层。

通孔安排是根据信号层和电力层安排来决定的。在这个堆叠中，顶部的 4 层和底部的 4 层可以通过微通孔相连接。在堆叠中提到的 3-x-3+ 是在第一层和最后三层加上一个额外的层上的微通孔。然后中心 x 层通过埋孔连接。

成本是一个重要的因素，在决定堆叠时起着关键作用。影响 PCB 成本的因素有很多，例如，在图 2-8 的分层堆叠中，通过减少层数和通孔模式（去掉盲孔和埋孔将显著降低制造成本）将显著降低成本。设计选择最优和正确的堆叠是设计师的工作。发布 PCB 制作的设计文件之前，PCB 堆栈可以在整个硬件设计阶段进行更改。这些 PCB 制作文件也称为 Gerber 文件。更多的细节会在后面的章节中讲述。

2.3.4 线路板规划

在给定的 PCB 区域内，电气元件的平面布置由 SoC 控制。SoC 接口的分布方式要便于将它们与周围的配件连接起来。由于线路接口长度的限制，在 SoC 周围放置的所有配件都需要用更短的导线连接。图 2-9 是 PCB 的典型平面图，SoC 放置在中心，其他电气配件放置在周围。（图中所示的平面布局仅用于说明，与图 2-2 中的无人机结构不一致。）

线路板规划也包括 PCB 的高度，这是机械设计的一个主要依赖。放置在 PCB 上电子元件的高度各不相同，而机械设计需要考虑到每个元件。一般来说，电感器和电容器是 PCBA 中高度最高的电子元件。此外，高功耗的设备散热更多，而这些散热设备需要冷却系统。冷却系统（如散热器和风扇）被认为是 PCBA 的一部分非电子部件，它们增加了 PCBA 的整体高度。

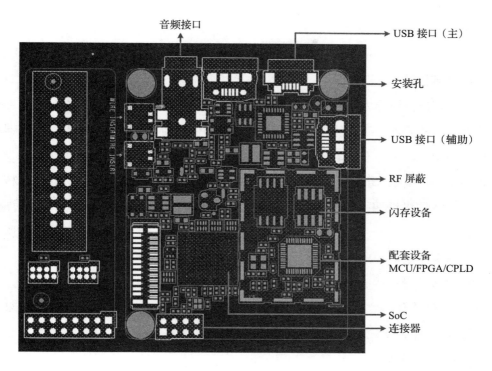

图 2-9　SoC、外围设备和连接器的摆放

2.3.5　电力架构

能源消耗和电池寿命已成为关键的系统参数。为了设计更高效的电源，必须对系统的最大功耗进行早期估计。

电池供电系统通常有不同的功耗状态。这种功耗状态更特定于无人机的使用场景。无人机系统的电力消耗因不同的功耗状态而变化很大。无人机系统空闲是所有子系统都处于开启状态，但没有任何活动的功耗状态。这是一种无人机在陆地停放时的状态，因此是不在空中的状态。待机状态是指系统消耗尽可能低的能量。无人机在飞行中录像是耗电量最高、电池耗电量也最快的状态。

注意　系统空闲、飞行活动、录像、休眠和待机是系统可以支持的不同功耗状态。并不是所有的功耗状态都适用于同一个系统。

功率图是电力架构的简单表示。一般情况下，功率图只表示系统的最大功耗状态。

1. 功率估计

在任何硬件设计中，PCBA 中的元件被大致地分为有源和无源器件。有源器件是消耗能量的元件。所有的集成电路都是有源器件，而电感器、电容器、电阻器和二极管是无源器件，不需要任何电力即可操作。集成电路如 SoC 和其他子系统设备需要不止一个电源（也称为电轨）。通常集成电路有一个核心轨道和 IO 轨道，核心轨道比 IO 轨道消耗更多的电力。更多关于设备功耗的细节将在下面的章节中讨论。

需要从设备的数据表中提取每个设备的功耗细节。数据表说明了设备在所有功耗状态下的绝对和推荐的最大电压和电流规格。

在大多数设计中，平台所需电轨的数量等于或大于 SoC 所需的轨道数量。考虑到 SoC 和平台的要求是同等复杂的，设计中对 SoC 和平台的上电顺序要求不同。将 SoC 与平台需求分开将使计算变得简单。

SoC 电力需求

表 2-3 给出了 SoC 电压和电流要求。SoC 本身作为具有多个功能单元块的片上系统，需要不同的电压和电流才能运行。一个典型的 SoC 具有核心、图形、内存、时钟、锁相环、显示器、摄像头、高速 IO、低速 IO 等功能单元块。表中列出了每个功能单元块的电压范围和电流消耗。

表 2-3　SoC 电压和电流要求

功能单元块	不同电压下的电流（μA）					
	3.3V（±5%）	1.8V（±3%）	1.35V（±3%）	1.2V（±3%）	1.0V（±3%）	0.7～1.1V
核心						3000
图形						5000
逻辑						1800
L2 和 L3					2200	
内存				1200		
显示 IO	300			300		
CFIO		500		200		
SDIO	93					

（续）

功能单元块	不同电压下的电流（μA）					
	3.3V（±5%）	1.8V（±3%）	1.35V（±3%）	1.2V（±3%）	1.0V（±3%）	0.7～1.1V
USB	200					
合计	593	500	1200	500	2200	9800

需要根据电压和电流的要求选择合适的功率器件。电源应满足每个装置的数据表中规定的电压容限（3.3V时±5%，1.8V时±3%）。电源设计应适应适当的滤波电路，以消除从电源馈入设备的纹波和噪声。纹波和噪声可以通过在堆叠中设置功率层来降低。减少纹波的其他方法是将电源元件放置在正确的位置，并采用最著名的动力路由技术。

在新一代的SoC中，每个功能单元块都可以单独通电，这意味着如果有一个功能单元块未被使用或不活动，就可以完全关闭它，以节省电力。

平台电力需求

平台类似于SoC电力需求，多个其他设备的平台有不同的电压和电流要求。这些设备分布在整个平台上，少数需要共电压的设备可以在没有任何顺序的情况下同时启动。表2-4显示平台电压和电流要求。多个子系统需要相同的电压。例如显示器、传感器、摄像头和调制解调器是不同的子系统，需要通用3.3V，电流要求不同，没有特定的顺序（所有子系统可以同时打开）。平台为每个设备设置了多个电源门，可以在设备不运行时启用/禁用电源，类似于SoC，每个功能单元块的内部都可以进行电源门控，以节省电量。

表2-4　平台电压和电流要求

子系统	配件	不同电压下的电流（μA）				
		5.0V	3.3V	1.8V	1.35V	1.2V
内存	LPDDR3					1200
存储	uSSD			300		
用户界面	显示		100			
	摄像头	900				
	传感器			10	10	

（续）

子系统	配件	不同电压下的电流（μA）				
		5.0V	3.3V	1.8V	1.35V	1.2V
通信	调制解调器		500			
	GPS		150			
	Wi-Fi / 蓝牙		400			
FPGA	FPGA		500			
USB	2.0、3.0	1400				
合计		2300	1760	310	0	1200

电源设备

前面列出了 SoC 和平台的电压、电流、纹波、噪声要求。结合 SoC 和平台的电压线路总数、SoC 和平台中各线路计算的总电流消耗，有助于工程师为系统选择合适的电源设备。大多数电源设备分为两类：线性稳压器和开关稳压器。

1）线性稳压器　线性稳压器通过使用电压控制源来迫使固定电压出现在稳压器输出端。最常用的线性稳压器是低压差（LDO）稳压器。输入电压和产生的输出电压之间的差就是压差。输出电压和器件在稳压器输出处消耗的电流乘积就是在电源处消耗的功率。在选择 LDO 时，低电压和低电流消耗基本是理想的参数。

2）开关稳压器　开关稳压器通过开关一系列设备运行。将由传输能量到负载的脉冲宽度调制（PWM）控制器来开关场效应晶体管（FET）。当开关打开时，能量储存在电感器和电容器上，同时供给负载。当开关关闭时，存储的能量释放到负载，直到电压达到负载装置所需的最小阈值。开 / 关是在一个特定的占空比内完成的，以保持输出电压在负载装置的容忍水平内。有不同类型的开关稳压器：降压、升压和降压升压稳压器。

3）选择最佳稳压器　通过评估表 2-5 中列出的参数来确定最佳稳压器。

表 2-5　线性和开关稳压器的比较

参　　数	线性稳压器	开关稳压器
功能	只逐步下调。输入电压不能大于输出电压	逐步上调、逐步下调和逆变
效率	低到中	高

（续）

参　数	线性稳压器	开关稳压器
复杂度	低	中到高
尺寸	小到中	大
成本	低	中到高
纹波 / 噪声	低	中到高

功能：大多数设计都是将高压转换为低压。在需要降压时，可以采用线性或开关稳压器。如果任何设计要求从低压转换到高压，那么选择的只能是开关稳压器。例如，USB 供电的系统主要输入电压为 5.0V，但有些系统如显示黑光，需要更高的电压才能运行。在这种情况下，需要一个升压稳压器将这个 5.0V 转换为更高的电压。

效率：线性稳压器的效率无法控制。负载电流和输入输出电压差的乘积给出了器件的功耗。因此，线性稳压器不能用于高负载电流（负载电流限制取决于器件的压差电压和最大热耗散）。但是开关稳压器可以用于更高的电流负载，且效率可以通过仔细选择外部元件，如 MOSFET（金属 – 氧化物 – 半导体场效应晶体管）的低 RDS、低 DCR 电感器和低 ESR 电容器来提高。为了更好的效率，采用开关稳压器。

复杂性：线性稳压器非常简单，稳定运行需要较少的外部组件并容易实现。而开关稳压器由于对外部组件的依赖性更为复杂。选择稳定运行的元件时需要更精确的计算。

尺寸：线性稳压器在电路板上占据较少的空间，而开关稳压器需要在板上有更多的空间来容纳 PWM 控制器、外部 MOSFET、电感器、电容器和其他模拟元件。

成本：线性稳压器的结构简单，所以成本更低。考虑到开关稳压器具有大电流和高效率的优点，它的器件结构复杂，所以成本很高。除了设备本身的成本之外，开关稳压器还需要外部组件来维持正常工作，所以总成本是线性稳压器的好几倍。

纹波 / 噪声：线性稳压器中纹波和噪声较低，这种品质使得线性稳压器更适合 SoC 中的模拟设计和时钟及锁相环（PLL）构件。开关稳压器的输出噪声比线性稳压器大，即使带有多级滤波器，噪声还是比较大。

功率图

之前解释了开关和线性稳压器的优缺点。需要为 SoC 和平台的多个供电线路选择线性或开关稳压器。在供电线路中，有些需要始终打开，有些需要在系统进入休眠状态或子系统因为某种原因处于非活动状态时通电。此外，如果在数据表中指定，对于 SoC、平台和其他设备也有不同的功率排序要求。

把所有的功率消耗的要求、功率门控和排序都绘制在一个功率图上以便理解，并转换成一个实际的电路设计。图 2-10 举例说明了功率图，这将转换为在电路图上的功率设计，然后成为 PCBA。

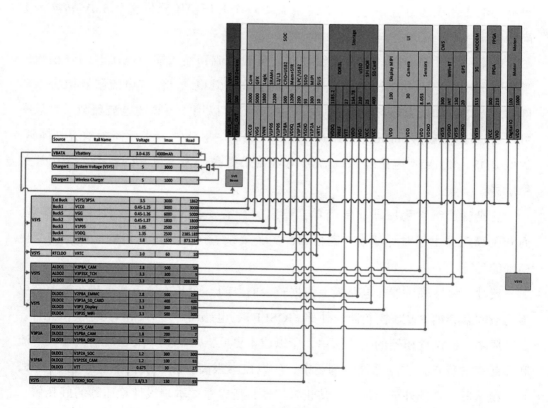

图 2-10　系统功率图

一般来说，初始功率图可能不与无人机架构准确对应。在设计的后面部分，可能会根据材料电气规范的要求进行重大修改。使用功率图，可以把非常复杂的电力架构用简单的方法来解释。在横向视图中，左边的项为：

1）**电源**是用于提供电力的稳压器类型。例如，Buck1，…，Buck6 是开关稳压器，用于提供更高的负载电流，同时提供多个负载。ALDO、DLDO 和 GPLDO 是在单负荷或多负荷下提供较低电流的低压差线性稳压器。

2）**线路名称**是板上用来区别于其他连接的名称。从多个电源将多个 3.3V 发送到多个负载。连接应该用名称来区分，以避免在 PCBA 上短路。

3）**电压**是电源提供的电压水平或范围。

4）**Imax** 是当前设备将支持或由供应商在数据表中指定的最大负载。

5）**Iload** 是设计中所连接的子系统实际加载设备的最大电流。

功率图的顶部是 SoC 模块和子系统的详细信息（摄像头、显示器、内存、调制解调器等），列出了当前的功耗。功率图还显示了从供电设备到子系统的连接和沿平台的分布。在功率图中表示功率分布使图和布局的转换更加容易。功率图中的每一个连接都将成为 PCB 上的一段导线。功率图中所提到的电流消耗值将有助于计算 PCB 的电力平面厚度和电力导线宽度。

上电顺序

在印制电路板上对电路进行上电经常被认为是理所当然的，并且可能会造成损坏以及破坏性和非破坏性的锁定情况。开始批量生产之前，对设备和设计的公差进行测试时，这些问题可能不会很突出。制造过程的后期才这么做是危险的，工时和项目和产品的交付方面代价非常高。这个阶段发现的错误导致大量的修改，包括 PCB 布局的改变、设计的改变和额外的异常。随着将许多功能块集成到一个集成电路（IC）中，需要向这些功能块提供多个电源，这些电源的电压有时相同，但在许多情况下是不同的。随着越来越多的 SoC 芯片在市场上激增，对特定上电顺序和电源管理的需求也随之出现。通常在器件数据表上有足够的信息来指导设计人员为单个集成电路确定正确的上电顺序。然而，一些集成电路特别需要定义良好的上电顺序。这在许多集成电路中是存在的，在使用多种电源的集成电路中很常见，例如转换器（包括模数转换器（ADC）和数模转换器（DAC））、数字信号处理器（DSP）、音频 / 视频、射频和许多其他混合信号集成电路。本质上，任何包含一些模拟输入/输出与数字引擎的 IC 都属于这一类，它们可能需要特殊的上电顺序。这些集成电路中可以有单独的模拟和数字电源，有些甚至可以有数字输入/输出电源，具体的例子将在下面的章节中讨论。目前一些较常见的电源是 +1.8V、+2.0V、+2.5V、+3.3V、+5V、−5V、+12V 和 −12V。

图 2-11 显示了 SoC 的典型上电顺序要求。表 2-6 显示每个电源的计时详情，以微秒（μs）为单位。

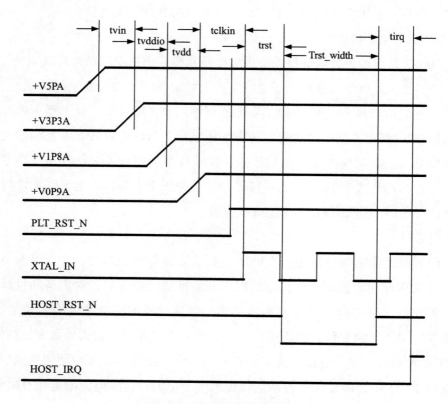

图 2-11 SoC 接通电源的顺序

表 2-6 SoC 上电顺序数

符 号	描 述	最 小	最 大	单 位
tvin	在 +5PA USB 电源后 +V3P3A 稳定电源	0	NA	μs
tvddio	在 +3P3A 后 +V1P8A 稳定电源	100	NA	μs
tvdd	在 +V1P8A 后 +V0P9A 稳定电源	100	300	μs

（续）

符　号	描　述	最　小	最　大	单　位
tclkin	在 +V0P9A 稳定后时钟活动	100	NA	μs
trst	在时钟后设置主机复位	10	NA	μs
Trst_width	主机复位活动时间	10	NA	μs
tirq	设置主机复位后，设置主机中断	50	200	μs

2. 电池估算

电池是一种能量存储设备，特别适用于为小型便携设备供电，如手机、笔记本电脑、娱乐设备以及在地表、水中和空中移动的移动设备供电。

电池约束

在这些应用中使用的电池经过设计以满足这些不同应用所施加的独特设计约束。下面将介绍这些约束。

1）电芯个数或电压：电池（battery）一词是指由一个或多个电芯组成的系统。电芯（cell）是一种能够产生电压和电流的特殊化学物质组合。不同的化学物质组合会产生不同的电压。通过串联电芯组，电芯组的电压可以增加为电芯数量 × 每个电芯电压的积。

2）电池化学成分：可充电电池称为蓄电池，通常由一个或多个次级电芯组成。每个电芯都能产生与电芯的电化学组成有关的特定电压。电池通过内部化学变化来储存能量。当电池通过负载（如电路或电机）放电时，电池内部的化学成分就会发生变化。当电池充电时，化学变化逆转，能量再次储存在电池中。给定特定的电池化学成分、电池的配置以及电池的体积和重量，可以在电池中存储一定数量的能量。

3）电芯电压和电池包装：镍镉 / 镍氢电池组的电芯电压约 1.2V；铅酸电池组的电芯电压为 2.0V；对于锂电池，电芯电压大约是 3.6V。通常，便携式电子设备被设计为在 12V、24V、36V 或 48V 电压下运行。为了产生这些电压，许多电芯被串联起来，以形成一个具有所需净电压的电池。

电池容量

电池容量是由制造商公布的一个额定值为给定的放电条件。这些放电条件包括放电速率（C速率）、温度和最小电芯电压。最小电芯电压是电芯或电池应该充电的最低电压。把电芯或电池放电到低于最低电压会降低甚至破坏电池的充电能力。

电池的性能参数可以包括电压、安时容量和C速率（放电速率）。

C速率是指电池在一定电压范围内维持一小时的电流量。对于一个典型的12V电池，这个电压范围在12～10.5V之间，这时电池被认为是充满电的。

电池容量的典型单位以毫安时（mAh）表示，对于较大的电池，电池容量是安时（Ah）。这个额定值指的是以安培为单位的放电速率，即电池能够维持一小时的放电速率。

电池容量随放电速率而变化。当以更高的速率把电池放电时，电池的安时容量将小于标称或公布的容量。

电池容量是以安时（Ah）来衡量的。一个1小时可以输出1安的电池组的容量为1Ah。电池容量通常由制造商以安时（Ah）或毫安时（mAh）计算。

假设一架15磅（约1.81千克）重、装有4个发动机的无人机在飞行过程中录像平均需要4安。如果你装上一个4Ah电池组，它平均可以运行一个小时。

瓦时和能量密度

有两种不同的方式来显示电池容量：可以使用安时或瓦时来计算电池寿命。这两种方法都用于产品设计。使用瓦时更容易理解。存储在电池组中的瓦时是用额定安时乘以电池组电压来近似计算的。

能量密度通常是指电池单位质量的能量（瓦时）。给定的电池所能提供的能量可以通过制造商发布的特定电池组或电池的数据来估算。计算能量密度所需的信息也可以通过直接测试电池得到。电池能量的单位是瓦时/千克。

电池成本

每种电池化学成分都需要一个特定的充电类型和充电机制。电池化学成分和充电器在初始成本和使用寿命成本上都有所不同。与使用其他化学物质的类似容量的电池相比，锂电池的初始成本更高。然而，锂电池能量密度高、寿命长，比其他化学物质更容易回收利用。这些因素有助于降低使用寿命成本。

"我能买到的最好电池系统是什么？"问题的答案总是取决于特定应用中涉及

的许多因素。电池系统和化学物质可以使用成本 / 瓦时关系进行成本比较。较低的成本 / 瓦时数字可以表明某种能源存储具有成本效益。

这就是为什么设计师和工程师需要有分析电池状态的技能和知识，以便为特定的应用做出最好的选择。例如，无人机使用的电池必须具有高的能量重量比。这意味着要对锂电池技术进行调查。电池系统可能很贵。因此，有必要对特定应用施加的需求和约束进行仔细评估。

2.4　软件架构

软件（在某种程度上）是系统的驱动程序。换句话说，硬件提供某种功能而软件使用这种功能使其运行，并提供所需的功能。从理论上讲，总是有可能为特定用途设计专用硬件（有限的软件或没有软件），然而实际上，我们需要根据哪些功能应该是硬件的一部分，哪些功能应该是软件的一部分来做出设计决策。这些设计决策是在需求阶段的早期做出的。而且一旦完成，硬件和软件系统设计将并行进行。当然，软件开发（和测试）与硬件可供性有一定的依赖关系。但是，通过使用硬件模拟器可以减轻这种依赖性。模拟器提供了硬件的功能模型，用于软件的运行和验证。

正如第 1 章中所讨论的，对于软件栈有各种不同的类别。本节将讨论每个类别以及它们是如何以及何时被开发的。

1）**固件组件**：固件组件依赖于与它们关联的设备并与之绑定。设备供应商负责为设备提供适合生产的固件。在本节中，术语"设备"也包括 SoC。

2）**操作系统和驱动程序**：操作系统组件由 OSV（操作系统供应商）提供。有许多操作系统的品种和变体可供我们选择。这个决定是根据操作系统的属性和特点来决定的。对于我们的示例，将使用实时操作系统，因为无人机是实时设备。驱动程序分为两类。基于特定标准通用设备的驱动程序可以作为操作系统本身的一部分，作为内置组件。但是，具有不同值和特性设备的驱动程序是由设备供应商自己提供的。由于与系统上使用的硬件设备相关的选择是在硬件 / 软件协同设计期间做出的，因此我们所选择操作系统的驱动程序可供性也要被考虑到。在某些情况下，设备供应商可能没有提供我们想要使用操作系统的驱动程序。这种情况下可能不得不使用提供相同功能的不同设备，或者设备供应商可能提供设备的规格，而我们可能不得不自己编写驱动程序。这也可能影响设备供应商为我们选择的操作系统提供驱动程序，这是设备供应商的商业决策。

3）**传感、导航和控制程序**：这是一种更专门的软件，我们可能必须自己设计和开发。市场上有无人机套件可供选择。如果选择使用一个特定的无人机套件，那么这部分可作为套件的一部分。但是对于定制的解决方案，我们需要编写自己的传感、导航和控制系统。

4）**特定于应用的组件**：顾名思义，特定于应用的组件基于无人机的预期用途。可以从很多应用出发，然后定制以满足我们的目的。

2.5 物流和运营管理

物流和运营管理是项目成功的关键，它涉及大批量生产。商用无人机通常大批量生产。像农作物监测这样的农业无人机的产量将会减少，但是当它由更大的公司与 ODM/OEM 合作时，其物流和运营管理过程将会是一样的。物流和运营管理也称为供应链管理，包括从原材料的提取到最终产品制造的端到端的所有运营。物流是快速、灵活、不产生库存成本地满足市场需求的关键。有来自设计师、提供材料的第三方供应商和工厂的代表来管理物流和供应链。

运营管理跟踪整个项目进度、供应链、干系人管理，以及内部团队、第三方供应商和外部客户的协调。

参与无人机开发的各方或公司均可从该产品的成功中获益。这在所有类型的产品中都很常见，不仅仅是无人机。

电路板和系统装配

供应链管理确保系统 BOM 和 EBOM 中的生产线项目在 PCB 装配和系统装配的预定日期可用。

需求 BOM

需求 BOM 生成库存组件的预订单和非库存组件的需求单。每个零件都有一个唯一的零件编号。这包括电路板以及系统中的外购物品和自制物品。外购的物品是需要从第三方供应商购买的零部件，它们已经有了唯一的制造商零件号。自制物品没有制造商或制造商零件号，因为它们是在内部设计机构定制的。

产品 BOM

产品 BOM 是最终的 BOM。它本质上是分层的，包括最终产品构建所需的所有电路板级和系统级组件、子组件和软件。

PCBA 构建和系统构建的前两周需要冻结 BOM，在此之后不能添加任何部件。在此阶段添加任何新组件都将导致 PCBA 或产品构建的延迟，这将影响整个产品进度。两周不是标准做法，这取决于 BOM 中使用的零件的交货期。有些特殊零件的交货时间可能是几个月。任何在最后一分钟添加的，需要一个月交货时间的零件都将冻结 PCBA 和系统构建过程，直到该零件到达工厂后才能继续。

2.6　小结

本章我们快速浏览了整个产品系统的设计流程。我们还谈到了一些无人机系统的具体考虑。此外，我们创建了计划要设计的无人机系统的高层次定义。总的来说，本章为将在第 3 章详细讨论的无人机系统设计设定了背景。

第 3 章
主要配件和选择考虑因素

在第 2 章我们看到了无人机系统设计流程，特别是无人机在机械、硬件和软件方面的架构。本章将通过几个例子来研究每种配件的详情以及选择配件时的关键考虑因素。

对于设计师来说，选择配件时对基本的东西心中有数总是有益的。科技日新月异，掌握基本原理将有助于设计师快速选择组件并避免犯错误。

选择组件时详细的研究和分析是很重要的。与软件不同，硬件是系统的一部分，构建或制造之后硬件是不能修改或返工的。返工可以对硬件进行临时修复，但为了硬件的稳定运行和可靠性，需要对其进行永久修复或重新设计。要修复这个问题，硬件必须再次经历完整的开发周期，或者在受影响的区域进行最小的修改。可能需要多次修改才能完善设计。这些变化可能在某种程度上影响机械部分，也可能不对其造成影响。

3.1 片上系统

要使无人机正常工作，它们需要类似于我们在机器人、智能手机和可穿戴智能设备上看到的组件，以便在无人机中提供不同的现有应用和任何未来技术升级。其中一个关键组件就是 SoC（片上系统）。这种 SoC 驱动了当前大多数系统，如无人机、智能手机、可穿戴设备和家电。下面是通常集成在样例 SoC 中的构件列表：

- **中央处理器（CPU）**：通常是单核处理器，但偶尔也有多核处理器。
- **内存**：主要是第一级和第二级缓存内存，即 SRAMS，用于执行无人机的各种任务。
- **GPU**：高端游戏中，图形处理单元负责输出的显示和加速。无人机的应用程序可能不需要它。大多数无人机都不使用显示器。
- **北桥**：处理中央处理器与 SoC 和南桥的其他组件之间的通信接口。
- **南桥**：SoC 内部辅助中央处理器处理所有 IO 功能的辅助芯片。
- **DSP**：数字信号处理器，用于 SoC 内部的模拟和音频应用。
- **Wi-Fi 和蜂窝无线**：一些 SoC 集成了 Wi-Fi+BT 调制解调器和 3G/4G 蜂窝调制解调器 GPS 等组件的数字部分，用于直接无线连接。

SoC 的技术规格完全依赖于预期应用。SoC 规格，如处理速度和内存容量对于不同的应用是不同的。例如，一架用于执行农作物监测的农用无人机将在子系统或外围设备中执行比处理器更多的任务。农作物检测无人机中的关键子系统比处理器的负载要重，下面将对此进行详细解释。

- **摄像头**：连续采集目标作物的静止图像或视频。
- **ISP**：图像信号处理器，将采集的原始图像转换为计算机可以读取或软件应用程序可以识别的特定格式，以便进一步处理。如果视频的数据量很大并需要通过网络上传，它的压缩也是在 ISP 中完成的。
- **网络调制解调器**：建立无人机与 IP 网络／云／服务器之间的连接，并在需要时帮助上传大量数据供进一步处理。

大多数最新一代的 SoC 集成 ISP。在这种情况下，SoC 内的 ISP 通过直接的数字接口从摄像头获得未经任何压缩的原始数据，应用所需的图像或视频处理算法，并在将数据转换为任何标准文件格式之前压缩数据。

3.1.1　类别

就像任何其他电子产品一样，为无人机选择 SoC 时总是有许多选择，有一些特定的功能需要考虑。此外，还有电源、性能和内存需求。目前首选的 SoC 主要有两类：x86 和 ARM。

3.1.2　关键考虑因素

下面的处理器特性列表涵盖了选择 SoC 时的关键考虑因素：

- 核心数
- 核心频率
- 高速缓冲存储器
- 主内存控制器
- 子系统接口
- 功耗

核心数、频率、缓存和内存考虑因素取决于无人机的工作负载（应用）。显然，具有大缓存内存的多个核比具有小缓存内存的单个核性能更好。频率越高，处理器的性能就越高，因为它每秒执行的指令越多。但是，如果工作负载没有（通过并行性）利用较多的核心数，那么就没有必要选择多核处理器。

3.1.3　解决方案

设计师可以为无人机从不同的处理器变种中选择任何一款。例如，Intel x86 体系结构提供了多种多样的处理器。

无人机，特别是配备高性能高光谱摄像头的农作物监测无人机需要更多内存、集成图像处理以及 USB 3.1 和 PCIe 等高速接口的摄像头接口。

SoC 的其他构件可以是最低限度的，只要满足基本需求就足够了。

3.2　内存

内存系统有不同的层次。第一层（L1）和第二层（L2）内存驻留在 CPU 或 SoC 上。它们被称为缓存内存，通常是静态随机存储器（SRAM）。外部存储器的下一层是系统的主存储器，通常是动态随机存取存储器（DRAM）。SRAM 和 DRAM 都是易失性存储设备。

在现代计算机系统中，有许多种存储设备可供使用。主存储器可以是易失性的、非易失性的或混合的。最广泛使用的主要存储器是 DDR SDRAM（双数据速率－同步动态随机存储器）。为任何电子产品选择合适的内存系统是一个大任务。

1996 年底，SDRAM 开始出现在系统中。与以前的技术不同，SDRAM 的设计与 CPU 的时间同步。这使内存控制器知道所请求的数据准备就绪的确切时钟周期，所以 CPU 不再需要在内存访问之间等待。SDRAM 代表 SDR SDRAM（单数据速率 SDRAM），其中 I/O、内部时钟和总线时钟是相同的。

DDR-SDRAM 通过在时钟信号的上升和下降沿传输数据来实现更大的带宽。它使传输速率加倍而不增加时钟的频率。

3.2.1　类别

在系统中，基本操作系统加载主存储器，除此之外还需要额外的内存空间来加载其他应用程序。市场上有不同类型的 DRAM 可供选择。

1. 标准 DRAM

为系统选择正确的内存设备，需要进行详细分析。

第一代

SDRAM 的下一代是 DDR，它通过在时钟信号的上升和下降沿（双泵）传输数据来实现比之前的单数据速率 SDRAM 更大的带宽。有效地，它加倍传输速率而不增加时钟的频率。在不改变内部时钟的情况下，DDR SDRAM 的传输速率是 SDR SDRAM 的两倍。在 DDR SDRAM 中，作为第一代 DDR 内存，预取缓冲区为 2 位，是 SDR SDRAM 的两倍。DDR 的传输速率在 266～400MT/s 之间。DDR266 和 DDR400 都属于这个型号。

第二代

它的主要好处是操作外部数据总线的能力两倍于 DDR SDRAM。这是通过改进的总线信号来实现的。预取缓冲区的 DDR2 是 4 位（DDR SDRAM 的两倍）。DDR2 存储器的内部时钟速度与 DDR 相同（133～200MHz），但通过改进的 I/O 总线信号，DDR2 的传输速率可达到 533～800MT/s。DDR2 533 和 DDR2 800 内存类型在市场上有售。

第三代

DDR3 存储器比目前的 DDR2 模块减少 40% 的功耗，允许更低的工作电流和电压（1.5V，DDR2 是 1.8V，DDR 是 2.5V）。DDR3 的传输速率为 800～1600MT/s。DDR3 的预取缓冲区宽度是 8 位，而 DDR2 是 4 位，DDR 是 2 位。DDR3 还增加了两个功能：ASR（自动自刷新）和 SRT（自动刷新温度）。它们可以使存储器根据温度变化来控制刷新率。

第四代

DDR4 SDRAM 提供了更低的工作电压（1.2V）和更高的传输速率。DDR4 的传输速率为 2133～3200MT/s。DDR4 增加了四个新的组技术。各组都具有独立操作的能力。DDR4 可以在一个时钟周期内处理 4 个数据，因此 DDR4 的效率明显优于 DDR3。DDR4 还添加了一些功能，如 DBI（数据总线反转）、CRC（循环冗余校验）和 CA 奇偶校验。它们可以增强 DDR4 存储器的信号完整性，提高数据传输 / 访问的稳定性。

第五代

DDR5 SDRAM 在计算接口开发中，是第五代双数据速率同步动态随机存储器的缩写。DDR5 计划再次降低功耗，同时相对于 DDR4 SDRAM，将带宽和容量加倍。

2. 移动动态随机存取存储器（DRAM）

为计算机特制的标准动态随机存取存储器（DRAM）耗电过多，因此公司为不断增长的智能设备市场开发了更节能的移动动态随机存取存储器（DRAM）。移动 DRAM 的工作方式与标准 DRAM 相同，但在大小、发热量和功耗方面有所不同。移动 DRAM 也被称为低功耗双数据速率存储器（LPDDR）。

与相应的标准 DDR 的传统电压（2.5V、1.8V）不同，所有 LPDDR 存储器都在低电压（1.8V、1.2V）下工作。除供电外，所有其他参数与标准 DDR 存储器相似。

在移动 DRAM 设备中，地址控制和命令在设备之间共享。

3.2.2 关键考虑因素

存储器设备的选择既基于系统软件的要求，也取决于 SoC。2GB 是运行基本 Windows/Linux 操作系统所需的最小内存，但 8GB 可能用于某些系统中执行额外的应用程序、繁重的图形处理或额外的加速。这个无人机操作系统和系统软件可能不需要 8GB，因为它既不需要运行复杂的应用程序，也不需要运行任何繁重的图形，而且整个系统并不复杂。只有少数应用程序将在无人机的基本操作系统上运行。为了便于说明，我们假设需求是 8GB，如架构图所示。所以需要找到一个具有以下参数的设备：

- SoC 支持的技术
- SoC 上支持的内存容量或密度
- SoC 上的数据总线宽度的存储器控制器
- 内存控制器操作频率 / 时钟率
- 数据速率
- 系统运行温度
- 包装的尺寸

如果 SoC 的内存控制器不支持 8GB 内存，那么系统就不可能有 8GB 内存。系统需求或 SoC 必须更改。

数据总线的宽度决定了存储器的等级和设备的数量。内存等级是一组连接到同一芯片选择的 DRAM 芯片，因此可以同时访问。

3.2.3 解决方案

存储技术一直在发展。目前在大多数电子器件中最常用的存储设备是标准的 DDR3 或 LPDDR3。DDR4 和 LPDDR4 已经上市，并以快速的步伐渗透到各种设备中。DDR5 和 LPDDR5 仍处于开发阶段。下面的 LPDDR3 解决方案是最便宜的无人机成熟解决方案，接着将详细解释。

如果在 SoC 上只有一个 64 位总线宽度的控制器，而且来自特定厂商具有 64 位总线宽度的单个设备的最大密度是 32GB（相当于 4GB），8GB 内存就需要两个这样的设备。

所以我们为无人机选择了两个 32GB 设备。8GB 要求的无人机内存解决方案如图 3-1 所示。

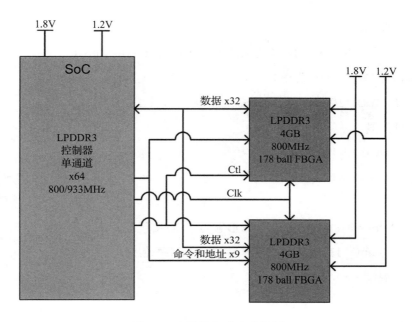

图 3-1　存储器解决方案框图

由于 SoC 有一个 64 位宽度的数据总线，它被分成两个 32 位宽度的数据总线到每一个设备，地址命令和控制（时钟启用、芯片选择和片上的终止信号）信号是两个设备共同的。

只有两个设备加载。单个时钟信号作为树连接提供给两个设备。如果有超过两个负载，必须用两个单独的时钟驱动每个内存设备对（总共四个设备）。这些时钟和数据信号是在 GHz 下运行的高速信号，因此信号路由应遵循严格的电气准则，以避免降级，并获得更好的功能和性能。这将确保系统中内存的稳定运行，即使在满载和长时间运行（压力测试）时也是如此。

除了设计外，该装置还应满足所要求系统的其他电气和机械要求。例如，无人机设计，由于其复杂的结构与多个离散的机械元件，可能允许更少的空间容纳 PCB。为了实现最小尺寸的 PCB，找到更小的存储器包装是必要的，这将减少整体板的尺寸。类似地，该设备必须满足无人机应用的其他特定标准。农作物监测无人机是一种户外设备，可能需要工业级的工作温度，即 -40～+85℃。

以下是所选设备的关键功能列表。所有的参数和数据表中给出的相应值必须满足系统的要求。

- 频率范围 800/933MHz（数据速率：1600/1866Mb/s/pin）
- 无铅（符合 RoHS 要求）和无卤素包装
- VDD1/VDD2/VDDCA/VDDQ：1.8V/1.2V/1.2V/1.2V
- 阵列配置
  - 128MB×64（DDP）
  - 256MB×64（QDP）
- 包装
  - 12.0mm×11.5mm，178 球形触点 FBGA 包装
  - 13.0mm×11.5mm，178 球形触点 FBGA 包装
- 工作温度 –30～+85℃

3.3 存储

每个系统都需要一个存储设备，它是用于存储应用程序和数据的非易失性内存。此辅助存储器可以是系统内置的，也可以是在系统外部的。任何典型的计算机或电子器件中，操作系统都驻留在这个辅助存储器上。它还可以永久存储其他文件，比如文档和视频。

3.3.1 类别

根据多年发展起来的不同技术，有不同类型的存储设备。有些已经过时了，另一些一直都在改进。

1. 磁存储

软盘和硬盘驱动器是数字计算机的主要磁存储设备。软盘不再使用了。硬盘又大又重，不适用于新一代的电子设备、可穿戴设备或无人机。

图 3-2 显示了硬盘驱动器和软盘，它们是典型的磁性存储设备。台式电脑使用 3.5 英寸⊖硬盘，而笔记本电脑使用 2.5 英寸硬盘。两种形式的硬盘尺寸都太大，无

⊖　1 英寸≈2.54 厘米。——编辑注

法用于任何小型装置的设计，如无人机和可穿戴设备。

图 3-2　磁存储设备

2. 光存储

　　光存储是指在光盘上存储数据的设备。借助激光的光束来存储或读取数据。光盘（CD）、数字通用光盘（DVD）和蓝光光盘至今仍在使用。光驱的大小和形状类似硬盘驱动器。然而，这些驱动器不能作为辅助存储设备容纳在无人机设计或小设备中。

　　在台式电脑中，标准光驱的尺寸为 5.25 英寸。这些光盘驱动器通过标准电缆连接到主板。图 3-3 显示了一个典型的光盘驱动器和放置在托盘上的蓝光存储光盘的例子。

图 3-3　光盘驱动器和光盘

3. 闪存

闪存是一种广泛应用于嵌入式系统和小型工具上的存储设备。闪存存储是一种基于半导体的不同形式的固态存储设备。闪存存储同磁和光存储设备相比，它的优点有以下方面：

- 闪存非常紧凑
- 在机械上更稳定并有较好的抗震能力
- 能耗非常低
- 可以放置在系统的内部或外部
- 低成本

闪存设备的两种主要类型是 NOR 和 NAND。参数见表 3-1。

表 3-1　NOR 和 NAND 闪存

参　数	NOR 闪存	NAND 闪存
读取速度	快	慢
写速度	慢	快
擦除时间	快	慢
寻址	内存映射地址	按照行和列地址
直接读取	有	无
错误检测和校正	无	有
应用	程序 / 大容量存储器	程序

NAND 和 NOR 闪存设备都是用于系统中的辅助存储，它们是不同形式的固态存储。它们可以是内置的，也可以是焊接在电路板上的设备，还可以是通过 JEDEC 标准连接器连接的外部设备。

紧凑闪存卡（CF 卡）

CF 卡是一种很受欢迎的外置存储器，用于摄像头和其他需要大存储空间的手持设备。基于并行高级技术附加接口，CF 卡尺寸为 43.8mm×36.4mm，存储容量可达 512GB。虽然它比磁性设备小，但对于消费型无人机来说还是太大了。

紧凑闪存卡需要 3.3V 或 5V 才能运行。紧凑型闪存通常是一种外部存储设备。系统上有一个标准的 CF 卡连接器，闪存设备将被插入其中。图 3-4 是一个典型的紧凑闪存卡存储设备。

图 3-4　紧凑闪存卡存储

多媒体卡

多媒体卡（MMC）是一种基于 NOR 闪存的少量引脚的串行接口存储器。MMC 卡尺寸为 24mm×32mm×1.4mm。MMC 卡的存储容量可达 512GB。

MMC 运行需要 3.3V。与 CF 卡类似，MMC 插入到系统端的连接器中。

如果系统需要没有外部连接器的 MMC 存储，还有另一个版本称为嵌入式多媒体控制器（eMMC）。eMMC 是集成在同一个硅晶片上的闪存和闪存控制器的集成 IC 封装。

包装尺寸是一个标准的 11.5mm×13mm×1.0mm 的 153 引脚 BGA 器件。eMMC 占用板上较少的空间并有最小的外部组件。图 3-5 是一个典型的 MMC 卡。这个 BGA 包装版本的 MMC 可能是完美的适合无人机设计的存储器。

SD 卡

安全数字卡（SD）是另一种基于 NAND 闪存的少量引脚的串行接口存储器，类似于 MMC 卡但有所改进。在不同的速度和电压级别上有不同版本的 SD 卡可供选择。

与 CF 和 MMC 卡不同，SD 卡支持不同的尺寸：标准、迷你和微型。这三种物理尺寸使 SD 卡成为大多数当前一代系统更方便的选择。

图 3-5　MMC 卡 /SD 卡

- 标准尺寸：
  - SD（SDSC）、SDHC、SDXC、SDIO
  - 32.0mm×24.0mm×2.1mm
  - 32.0mm×24.0mm×1.4mm
- 迷你尺寸：
  - SD、SDHC、SDIO
  - 21.5mm×20.0mm×1.4mm
- 微型尺寸：
  - SD、SDHC、SDXC
  - 15.0mm×11.0mm×1.0mm

图 3-6 是一个典型的 micro SD 卡。它可能是无人机的外部可扩展存储设备的最佳选择。

固态硬盘

基于闪存的固态硬盘（SSD）是一种主要使用与传统块输入 / 输出硬盘驱动器兼容电子接口的存储设备。SSD 的形状系数与传统硬盘驱动器是相同的。

与硬盘驱动器不同，SSD 没有机械部件。SSD 比其他闪存设备更能抵抗物理冲击。SSD 采用 NAND 闪存技术。

图 3-6　micro SD 卡

还有其他版本的 SSD 可用：micro SSD。它可以焊接在板上，通过接口直接连接到 SoC，而不是使用庞大的连接器。此设备的包装也很小，最适合更小的形状系数设计，如无人机。然而，与所有其他存储技术相比，它是一个昂贵的解决方案。

图 3-7 是一个典型的 SSD 驱动器示例。这是一种基于连接器的 SSD 解决方案，其形式类似于 SATA 硬盘驱动器。

图 3-7　SSD 驱动器

USB 闪存驱动器

USB 闪存驱动器（U 盘）是一种数据存储设备，它包括带有集成 USB 接口的闪存。图 3-8 是 U 盘的典型例子。USB 存储器是嵌入式系统或可穿戴设备的基本需求。micro 和 mini USB 连接器也可用来减少连接器在板上的封装。USB 的最新发展标准是 C 型连接器（USB 3 和 USB 4），它支持在较小的形状系数上高速存储。

图 3-8　U 盘

3.3.2　关键考虑因素

无人机系统将始终暴露在机械压力下，如振动、自由落体和下降。最好避免使用带有机械部件的设备。这显然消除了机械和光学存储设备作为无人机的辅助存储设备的可能性。此外，无人机的设计应该避免带连接器的存储设备。把存储设备焊接在电路板上是理想的。

这意味着集成的 eMMC 和 uSSD 设备是最适合无人机的。eMMC 和 uSSD 的存储容量有限。目前的技术不支持每个设备超过 256GB 的容量。兆兆字节（TB）的 eMMC 和 uSSD 可能在未来出现。对于 uSSD，在主机端需要一个标准的 SATA 接口，与 eMMC 和 SD 卡接口相比，它提供的引脚数更少。

micro SD 卡（SDXC）格式的容量可以达到 TB，与 uSSD 相比，它在主板上占用的空间更少，引脚数更多。

考虑到所有的参数，uSSD 看起来是更好的解决方案，尽管它比其他的方案昂贵。任何闪存设备的容量越高，价格就越高。

　　一般来说，没有系统能依赖于单一的存储设备。同样的规则也适用于无人机。如果空间允许，提供额外的备份存储设备是必要的。如果 uSSD 作为主要集成存储器，SD 卡和 USB 闪存设备就可以作为外部扩展存储设备。系统必须容纳 SD 卡和 USB 连接器，以启用备份存储。这些存储设备可以在需要时插入到系统中。

　　以下是选择存储设备前需要检查的关键参数列表：

- 存储容量
- 尺寸
- 成本
- 主机接口
- 工作电压
- 安全特性如加密和认证

3.3.3　解决方案

　　micro SSD 非常适合形状系数非常小的设备，如无人机和其他嵌入式系统。这种 micro SSD BGA 封装在一个单一的设备中，结合了 SATA 闪存控制器与最新的小型几何 SLC NAND 闪存、多电源供应和安全功能，包括加密、认证、RNG、防篡改和自毁功能。为便于说明，为无人机选择的装置有以下特点：

- 主机可访问容量高达 128GB
- 集成开关电源与单一电源 3.3V
- 内存可以用 256GB 和更高容量的设备替换
- 零电源待机
- 32mm×28mm 的 524 引脚 BGA 封装

　　除了 micro SSD 部分外，对于外部可拆卸的存储设备，系统上可提供 micro SD 卡连接器或 USB 连接器。如果 PCB 上有可用的空间来容纳这些设备，那么任何系统都可以有多种存储解决方案来进行备份。无人机的存储解决方案如图 3-9 所示。

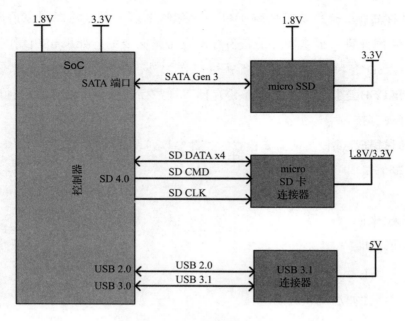

图 3-9   无人机的存储解决方案

3.4   通信模块

通信模块是能够通过有线或无线通信信道传输模拟或数字信号的设备。模块通过任何标准接口（如 UART、SDIO 或 PCIe）与主机处理器进行连接。来自主机处理器的数字数据被转换成适合调制 / 解调的协议，然后通过无线协议传输。根据系统的速度、距离和数据速率的要求，有不同种类的无线网络。无线网络的性能越高，实现成本就越高。

3.4.1   类别

Wi-Fi、蓝牙、3G/4G 移动通信和 RF 通信是用于数据和控制通信的不同通信技术。无人机系统将根据需求拥有一个或所有这些无线网络。每种技术在实施和操作上都是独特的，并遵循不同的标准。

每当系统增加无线通信时，就会产生辐射。无人机系统需要严格遵守全部的监管标准，这样它就不会对设备内部或外部的任何其他通信造成干扰。更多关于监管和认证问题的细节将在后面的章节中介绍。

一般来说，任何电子系统都需要根据设备的类别通过国际监管组织的认证。这对于使用无线电的系统来说是更严格的。

1. Wi-Fi + 蓝牙

结合现有技术，高级的 Wi-Fi 和蓝牙通信技术相互融合。这些紧凑的短程模块完全通过集成天线和软件栈认证，可以通过简单的 UART 接口与 SoC 连接。一些更高级的模块可与 PCIe 接口连接，可以实现非常高的数据速率。

这些模块可以放置在电路板（PCB 天线）上，用非金属机械部件覆盖，使集成天线暴露出来而不需要任何外部天线。这些模块有不同的形状系数，易于与主机处理器集成并即插即用。可用的标准包装包括预认证的 M.2、MiniPCIe 和 LGA 模块包装。

所有 Wi-Fi 设备均基于 IEEE 802.11 标准。Wi-Fi 是 Wi-Fi 联盟的一个商标，该联盟将"Wi-Fi 认证"一词限制为成功完成互操作性认证测试的产品。图 3-10 显示了一个 M.2 形状系数，可以插入无人机系统的 Wi-Fi + 蓝牙模块。此模块的连接器是无人机主板的一部分。

图 3-10　M.2 形状系数可集成 Wi-Fi + 蓝牙模块

2. 移动网络

在无人机上添加移动网络有很多优点。移动连接主要帮助无人机进行指挥和控制。这也提高了安全性，因为所有来自无人机的实时信息都可以通过网络发送到无人机交通管理部门。如果该地区有足够的网络覆盖，无人机上的移动网络也有助于控制超出视线范围的无人机。

可以添加到无人机上的不同类型的移动网络有 3G、4G（LTE）或 5G 网络。与 Wi-Fi + 蓝牙模块类似，不同的无线公司都有预先认证的蜂窝调制解调器。这些调制解调器有不同类别，适用于不同地区的不同波段。

LTE（Long-Term Evolution，长期演进）是目前广泛使用的高速移动网络。LTE 是基于其前辈 GSM/EDGE 和 UMTS/HSPA 技术的高速无线通信。它通过使用不同的无线电接口和核心网络改进来提高容量和速度。LTE 设备基于 3GPP 标准。

3. IR/RF 无线

许多无人机、嵌入式系统、可穿戴设备和家用电器都有 IR（红外）或 RF（无线）遥控器。如今，现成的商用射频发射器和接收器可用于无人机。现成的发射器 – 接收器组合可以用于远程控制无人机和远程传输视频和音频。微型模块包含最新的技术，并可以直接与系统集成。

有几个现成的 2.4GHz 预认证的解决方案。现代的 2.4GHz 射频协议有更高的带宽数据速率，可以允许音频和视频流独立于控制链路。

3.4.2　关键考虑因素

无线连接是远程控制无人机的强制要求。有不同的方法来实现无人机系统的控制链路和数据链路。在农作物监测无人机中，既可以有一个用于控制和数据通信的单一解决方案，也可以有两个分别用于控制和数据通信的专用通道。

无线局域网和移动网络的覆盖范围是有限的，因此无人机需要一个 RF 通信信道来控制链路覆盖更长的距离。RF 遥控可作为专用控制路径，Wi-Fi + 蓝牙或移动网络可作为专用数据路径。考虑到无人机需要定期对数据流进行实时传输或访问云进行分析，可以使用无线局域网或移动网络。

在成本、功耗和设计复杂度方面，Wi-Fi + 蓝牙是比移动网络更好的解决方案。如果无人机不在网络覆盖区域，就不可能进行数据流直播。无人机需要离线处理数据，或者飞到网络覆盖区域上传数据。另一种方法是在无人机的飞行区域附近增加更多的 Wi-Fi 接入点。

3.4.3　解决方案

　　无人机的无线解决方案在技术、尺寸和成本上各不相同。基于 Intel 模块的 Wi-Fi + 蓝牙解决方案的基本功能如图 3-11 所示。此解决方案是设计师基于无人机应用的选择。

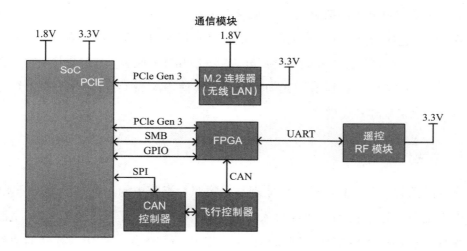

图 3-11　无人机通信解决方案

选择的 Wi-Fi 模块为 M.2 形状系数的可插拔预认证模块。模块的特性如下：

- 双频无线 AC：2.4GHz、5GHz
- TX/RX 流：1×1
- 最大速度：433Mbps
- Wi-Fi 认证：802.11ac
- 蓝牙版本：4.2
- 尺寸：22mm×30mm×2.4mm
- 主机接口：PCIe、USB
- 形状系数：M.2 2230、1216

3.5 摄像头

摄像头在以成像为主要功能的系统中扮演着重要的角色。如今，很难找到没有摄像头的电子系统或小工具。摄像头充当机器的眼睛。

我们的系统摄像头是离散的组件，如图像传感器、图像传感处理器和电源模块的集成。电子连接和软件是摄像头的其他必要部分。

传感器是摄像头的核心，它可以是基于 CMOS 或 CCD 的。上面有数以百万计对称为像素的可见光谱敏感的光电探测器。

普通的彩色成像摄像头复制人眼的功能，可以覆盖可见光谱的所有颜色。光谱成像摄像头可以覆盖可见光以外的光谱，包括紫外线和红外区域。这种摄像头可以在白天采集到所有的光谱。在没有阳光的情况下，应使用高温（约 3000K）卤素灯照射目标物体，以采集红外光谱。

3.5.1 类别

数码摄像头每个传感器的工作原理是采集照片点阵中的光线。当曝光开始时，每一点上的百叶窗都被揭开以收集入射光。当快门关闭时，曝光结束，每个照片点的内容都被读取为电信号，即以数值的形式存储在图像文件中。存储的值度量光的量。

摄像头模块通常支持 USB 2、MIPI 和 LVDS 接口。最新和最高级的摄像头模块支持 USB 3.1 主机接口。这使得系统与模块的集成更加容易。

单色传感器

单色传感器采集每个像素的所有入射光，而不考虑颜色。由于红色、绿色和蓝色光都被吸收，所以每个像素能采集 3 倍以上的光。单色传感器能够采集到更高分辨率的图像。

彩色传感器

彩色传感器使用一种叫作彩色滤镜阵列的东西，在每张照片上以交替模式采集三种原色中的一种。最成功的是拜耳模式，它使用红 – 绿和绿 – 蓝交替行滤光器。

与单色传感器不同的是，每个像素实际上采集了入射光的 1/3，因为任何与当前模式不匹配的颜色都被过滤掉了。任何照射在绿色像素上的红色光或蓝色光将不会被记录。

光谱成像

光谱成像，也称为高光谱成像，它提供的数字图像比传统的彩色图像具有更多的光谱信息。原始的采集有数十到数百张照片的堆叠，其中每个连续的图像都代表它自己的特定颜色，或者等价地代表每个像素的详细光谱曲线。

3.5.2　关键考虑因素

对于农作物检测无人机来说，一个简单的单色或彩色摄像头是不够的。摄像头必须超越颜色波长来采集树叶、茎、豆荚、花和水果的解剖结构。例如，为了监测叶子的健康和营养价值，摄像头必须采集内部的叶绿素模式和分布，这超出了可见光谱的范围，包括 IR 和 UV 区域。

无人机系统可以有多个摄像头来覆盖预期的光谱。系统可以将高光谱主摄像头和附加的单色或彩色摄像头结合起来提高系统的精度。

在无人机系统中，摄像头模块需要放置在外部，或者用可旋转的板在无人机底部突出，从而覆盖 360 度的视场。这些模块可以是现成的，也可以根据系统需求定制。

电源和主机接口可以通过外部 USB 3.0 电缆从模块连接到系统，也可以通过 USB 3.0 数据线以外单独的电源线连接。

3.5.3　解决方案

农作物监测无人机必须配备一台高光谱成像摄像头。可以有其他摄像头（如飞行视角或第一人称视角摄像头）以提供更好的用户控制体验。用户可以通过附在遥控器上的显示器观察飞行路径。

高光谱作物监测无人机的成像解决方案如图 3-12 所示。

高光谱成像摄像头模块的特性如下：

- 传感器：高光谱成像

- 类型：行扫描
- 光谱范围：600～970
- 波段：100+
- 主机接口：USB 3.0

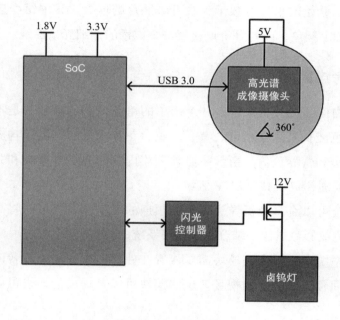

图 3-12　无人机的成像解决方案

高光谱成像传感器可以生成与多波段光谱图像对齐的 RGB 彩色图像。它可以在日光下采集到所有需要的波长。

在光线较弱的情况下，如果配上卤钨闪光灯，摄像头的工作效果会更好。卤钨灯对物体闪光时可以产生所需的温度。这将从物体的反射光连同 RGB 彩色图像产生所需的红外波长。

3.6　显示器

当前一代的系统有不同尺寸的集成显示器。任何运行操作系统的系统都需要显示器。在安装操作系统、驱动程序和其他软件期间，显示器是很有帮助的。

3.6.1　类别

从系统设计的角度来看，有两种显示器可用。显示器可以是在系统中内置的或外置的。

内置显示器

内置显示器通常用于笔记本电脑、平板电脑和移动电话。内置显示器使设备更加便携，并减少了系统开发、操作、调试和故障排除时对外置显示器的依赖。由于它们必须内置在已经很小的系统中，所以显示器必须更小，分辨率更低。更小的显示器可以提供集成的触摸屏，这是更方便的输入设备。

内置显示器由系统内置电源产生的电力供电。用于显示器的背光将是最耗电的子系统。

一般来说，内置显示器使用的主机接口是 LVDS、MIPI 或 eDP。显示器的集成控制器可以内置或外置。即使 SoC 中没有兼容接口，也有选项可用于转换任何显示、接口和协议，以使其与显示器兼容。

外置显示器

外置显示器是标准的计算机显示器，具有各种尺寸和更高的分辨率。这些显示器由外部供电，并通过标准 AV 电缆、VGA 电缆、DVI 电缆或 HDMI 电缆与系统连接。

外置显示器更适合不需要一直使用显示器的系统。只有在进行系统升级、安装、开发、调试或任何其他活动时才需要它。然而，显示器对任何嵌入式系统都不是强制性的。

3.6.2　关键考虑因素

显示器对无人机系统不是强制性的。可以添加外置显示连接器作为后备显示器。可以在遥控器上添加可选的显示器，以获得无人机飞行期间的第一人称视角。这为操作提供了更好的用户体验。

外置显示器可以采用任何薄型显示器连接器，如 micro HDMI、mini DP 或

Type C。当无人机不飞行时，通过连接外部的显示器将有助于检查和分析来自无人机的图像。

可选的集成显示器可附加到遥控器上。无人机和遥控器之间需要一个专用的视频传输通信通道来直播视频。

3.7　飞行控制器

飞行控制器是无人机中最重要的子系统。飞行控制器接收来自用户的指令，并控制螺旋桨和发动机以保持无人机飞行。它还接收来自用户的其他命令，如图像采集、视频采集和任何其他用例命令，并在无人机飞行时执行它们。

3.7.1　类别

有不同类型的现成飞行控制器，特别适用于无人机。它们有不同的形状系数和不同的尺寸。

MCU/MPU（微控制器 / 微处理器）

基于微控制器 / 微处理器的飞行控制器有不同的形状系数。它们是即插即用的，可以用较少的工作量与系统集成。控制器的性能和传感器的精度将随成本而变化。显然，高性能的飞行控制器更加昂贵。

FPGA

除了微控制器和微处理器，还有 FPGA 或定制的基于 ASIC 的高性能飞行控制器可用。它们是最昂贵的集成了附加功能的解决方案。不需要现成飞行控制器的系统可以采用带有机载传感器的机载 FPGA。

3.7.2　关键考虑因素

飞行控制器的关键考虑因素是与系统集成的复杂性、支持的传感器、飞行能力和成本。大多数高级的飞行控制器都易于安装并与主机集成。

3.7.3　解决方案

任何飞行控制器的特性都在产品简介或数据表中列出，如下所示：

- 32 位微控制器 /ARM cortex 处理器 /FPGA
- 陀螺仪和加速度计
- 气压计
- 磁强计
- 全球定位系统（GPS）
- 支持四旋翼机、六旋翼机、三旋翼机和八旋翼机

3.8 电池

无人机应该飞得很高，所以它们必须携带自己的电源。无人机使用燃料、太阳能或电池供电。对于农业领域的工业无人机来说，电池是主要的动力来源。电池在无人机不使用或在地面驻留时充电。

3.8.1 类别

如今大多数电子产品和无人机都使用可充电电池。下面将介绍最常见的可充电电池。

铅酸电池

铅酸电池是最古老的可充电电池系统。铅酸电池坚固耐用，并且价格便宜。但它的比能低，循环次数有限。铅酸电池适用于轮椅、高尔夫球车、人员运输车、应急照明和不间断电源。

镍镉电池

镍镉电池成熟且为人熟知，镍镉电池适用于使用寿命长、放电电流大和极端温度要求的场合。镍镉电池是最坚固耐用的电池之一，它是唯一一种可以在极低的电压下进行超高速充电的化学物质。它的主要应用领域是电动工具、医疗设备、航空和 UPS。由于环境保护方面的考虑，镍镉电池正在被其他化学物质所取代，但由于其良好的安全记录，仍被广泛用在飞机上。

镍氢电池

镍氢电池作为镍镉电池的替代品，其金属毒性较低，而比能较高。镍氢电池

用于医疗器械、混合动力汽车和工业应用。镍氢电池也可用于 AA 和 AAA 电池供消费者使用。

锂离子电池

在一些领域中，已经使用锂离子电池取代了铅酸和镍电池。出于安全考虑，锂离子需要一个保护电路。它比大多数电池都贵，但是与许多其他化学物质相比，它的高循环次数和低维护降低了每次循环的成本。

基于以下特点和优势，锂电池是最适用于电子产品，尤其是无人机的电池：

- 特点：小干电池、密封、可充电
- 形状系数：定制尺寸的塑料壳、小圆柱体、纽扣电池
- 应用：手机、笔记本电脑、电动工具、混合动力汽车、摄像头、手持电子设备、无人机
- 安全性：无漏液、无毒性

3.8.2　关键考虑因素

不管选择哪种电池，第一步都是计算无人机系统的最大电流消耗。系统功耗会根据 KPI 而变化。在最大 KPI 期间会消耗最大电量，这将以更快的速度消耗电池。

举个例子，如果无人机在飞行过程中拍摄视频时耗电量为 10A，那么一块 10 000mA 的电池可以使用一个小时。

电池的标称电压基于电池的结构。如果一块锂离子电池能产生标称的 3.7V、10A，那么两块锂离子电池并联时将产生相同的电压和两倍的电流，也就是 20A。两个这样的电池串联起来将产生两倍的电压 7.2V 以及 10A 电流。所以对于一架无人机，电芯架构应该是两个串联的电芯，也称为 2S1P 架构，也就是用两个电芯串联成一块电池。

数据表上的另一个参数称为充电率。通常充电器的设计是基于标准的充电率。然而，一些系统需要快速充电以减少系统的充电时间。在这种情况下，充电器应该设计成以更快的速度给电池充电。

3.8.3　解决方案

电池规格通常在供应商数据表中列出，如下所示：

- 额定容量：10 000mAh
- 额定电压：7.2V
- 放电结束电压：5.6V
- 充电电压：8.56V
- 标准充电：0.2 CC/CV
- 标准放电：0.2C CC/CV
- 快速充电：0.5C CC/CV
- 快速放电：0.5C CC
- 最大连续充电电流：5000mA
- 最大连续放电电流：5000mA
- 产品尺寸：长度 × 宽度 × 厚度（以 mm 为单位）

3.9　散热

在产品设计中，特别是在电子产品中，一个常见的问题是管理温度状况以达到最佳效率。挑战的核心是设计节能的微处理器和不会过热的印制电路板。

在解决散热管理问题时，经常被忽视的一个方面是架构设计。无论是私人住宅、办公楼，还是专用服务器机房或无人机，架构方面的考虑对可用的散热管理解决方案都有巨大的影响。

3.9.1　类别

为了解决和缓解由高温引起的困难和效率低下问题，工程师们使用了不同的冷却系统来管理环境。这些系统可以分为两大类：主动冷却系统和被动冷却系统。

主动冷却

主动冷却是指依靠外部设备来加强传热的冷却技术。通过主动冷却技术，在对流期间，流体的流动速率增加，这极大地增加了热量的排出速率。

主动冷却解决方案包括通过风扇或鼓风机的强制空气、强制液体和热电冷却器（TEC），可用于优化各级的热管理。当自然对流不足以散热时就使用风扇。它们通常集成到电子产品中，如计算机外壳，或附加到 CPU、硬盘驱动器或芯片组上，以维持温度并降低故障风险。

主动散热管理的主要缺点是它需要使用电力，因此与被动冷却相比会导致更高的成本。

被动冷却

被动冷却的优势在于能源效率和较低的经济成本，使其成为建筑和电子产品散热管理的廉价系统设计选择。

被动冷却通过利用热扩散器或散热器来最大限度地利用辐射和对流传热模式，从而达到高水平的自然对流和散热。在建筑设计中，风或土壤等自然资源被用作散热器来吸收或散发热量。这将使电子产品保持在最高允许的工作温度以下，从而达到适当的冷却和私人住宅或办公大楼的热舒适性。这方面的增长趋势可以在被行业普遍称为被动散热式的房屋中看到。

被动式热管理是一种成本效益高、节能的解决方案，它依靠散热片、散热器、热管或热界面材料来保持最佳运行温度。

3.9.2　关键考虑因素

和其他电子产品一样，无人机上的电路板也必须有冷却解决方案。主动和被动冷却系统的优点和缺点都很明显。使用主动或被动冷却没有限制。表 3-2 显示最终确定解决方案之前要检查的关键特性列表。

表 3-2　主动冷却与被动冷却

关键特性	主动冷却	被动冷却
重量	轻	重
体积	有	无
噪声	有	无
功耗	高	低
性能下降	无	有

（续）

关键特性	主动冷却	被动冷却
运营成本	高	低
方向性	有	无
可靠性	无	高
环保型	否	是

3.9.3　解决方案

对于无人机的设计，解决方案的重量和大小要优先加以考虑。选择主动冷却解决方案是正确的。

功耗由一排低功率风扇管理。由于无人机将在飞行状态下执行预期的应用，而四轴飞行器的螺旋桨产生的噪声非常大，因此来自线路板上的那些噪声可以忽略不计。

在无人机系统设计中，采用主动冷却系统可以提供更好的冷却解决方案。

3.10　互连线

互连线是连接两个或两个以上设备的电子或光学连接或电缆。互连线以电气和机械的方式将电导体与其他导体以及电气设备的端子连接起来。互连线是一种无源电气元件，它包含两个在其磁场中存储能量的端子，如计算机连接硬盘驱动器或连接显示器的电缆。个人电脑包含多条互连线。

由于无人机是复杂的机电系统，选择正确的互连线是实现最佳性能的关键。

3.10.1　类别

互连线部件可用于在线路板上连接电气部件和子系统，有很多制造商生产互连线。电缆连接器、板对板连接器、线对板连接器、射频连接器和 FPC/FFC 连接器是最常用的线路板上电气连接的连接器。

1. 电缆连接器

USB

USB 连接很可能是当今世界上最普遍的连接类型。几乎每一种形式的计算机外围设备，如键盘、鼠标、耳机、闪存驱动器和无线适配器都可以通过 USB 端口连接到你的计算机。USB 的设计已经演变了多年，这意味着存在多个版本的USB：

- USB 1.0/1.1 传输数据的速度最高可达 12Mbps。
- USB 2.0 传输数据的速度最高可达 480Mbps，并与旧版本的 USB 兼容。
- USB 3.0 传输数据的速度最高可达 4.8Gbps。它与以前版本的 USB 兼容。

USB 的变体 mini USB 和 micro USB 最常用于小型便携设备，如 PDA、电话和数码摄像头。标准的 USB 连接器更多用于那些倾向于一直保持插入状态的设备，如外置硬盘驱动器、键盘和鼠标。

以太网

以太网电缆用于建立局域网。在大多数情况下，它们被用来连接路由器、调制解调器和计算机。如果你曾经尝试过安装或修理家用路由器，可能会遇到以太网的电脑线缆。现在，市面上有三种以太网电缆：

- 5 类电缆是最基本的类型，提供 10Mbps 或 100Mbps 的速度。
- 5e 类，意味着对 5 类的增强，支持比它的前身更快的数据传输。它的峰值是 1000Mbps。
- 6 类是最新的，提供了最好的性能。能够支持 10Gbps 的速度。

除了 USB 和以太网，还有不同的标准电缆和电缆连接器可用。这些电缆分为供电电缆、数据电缆、显示电缆、模拟电缆、数字电缆和射频电缆。VGA、HDMI 和 DVI 属于显示电缆。USB、以太网铜线和以太网光纤属于数据电缆。

2. 板对板连接器

板对板连接器用于连接印制电路板（PCB），这是一种电子元件，包含以精确和可重复的方式印在绝缘底座表面的导电图案。BTB 连接器上的每个终端都连接到一个 PCB。一个 BTB 连接器包括外壳和特定数量的终端。

板对板连接器有三种不同安装类型：通孔、表面贴装和压合技术。两个主 PCB 可以上下夹合或与它们的连接器连接成直角。

BTB 连接器的选择要考虑安装方法、引脚距、行数（又称线路数）、引脚长度、堆叠高度等因素。

3. 线对板连接器

这种设备将电线连接到印制电路板上，实现电路之间的连接。为提高灵活性和可靠性，线对板连接器设计为薄型（low-profile）匹配和安全端子，产品配有摩擦锁定机构或全锁定机构。多个或单个连接类型的 PCB 标签包括螺柱安装、印制电路安装、电线卷曲、测试、焊接和用于快速断开应用的适配器。

像无人机这样的复杂机电系统可能会在整个系统中使用许多线对板连接器。例如，位于无人机底部的 360 度摄像头可能需要一根特殊的线缆，当摄像头覆盖360 度时，线缆不会缠绕在一起。这应该足够灵活，不会阻碍摄像头的视野，并要求摄像头在做完整的旋转时保持电气接触稳定。

4. 射频连接器

同轴射频连接器（射频连接器）是一种电气连接器，设计工作在多种兆赫范围的无线电频率。射频连接器通常与同轴电缆一起使用，并设计为保持同轴设计提供的屏蔽。更好的模型还可以最小化连接时传输线阻抗的变化。机械上，它们可以提供一个紧固结构（螺纹、卡口、支架、暗副）和弹簧，以实现低电阻电接触，同时保留黄金表面，从而允许非常高的插拔次数并减少插入力。由于市场对廉价、高数据速率的无线收发器的巨大需求，射频电路设计领域的研究活动在 21 世纪头十年猛增。

5. FPC/FFC 连接器

FPC/FFC 是一种单件连接器，与直接插入的 FFC 或 FPC 连接，并通过杠杆将其锁定。在必须采用薄型或柔性水平插入的场合，这种类型的连接器可以用于类型广泛的数字设备。

3.10.2　关键考虑因素

一般来说，电气连接器是具有电气功能的机械部件。除了在指定的电压下携带电流，连接器可以在装配过程中使元件连接，也可以使用户方便地断开和重新连接设备的不同部件。连接器的尺寸和形状根据设备的电气要求、设备内部的物理空间和设备必须运行的环境条件而有所不同。

连接器制造商通常根据互连方法对连接器进行分类，互连方法指的是连接器应用或互连的机械方法。这些应用范围包括连接芯片到电路板、连接外设到设备等。连接到印制电路板或与印制电路板配合的连接器占了连接器产品目录中的大部分。

连接器的选择依据如下要求：

- 应用环境
- 电气需求
- 机械需求
- 安全性和法规要求

3.10.3　解决方案

连接器的选择严格根据应用和板形因素进行。线路板和系统需要多个连接器。

3.11　机械

如上所述，必须添加一些机械部件来完成无人机系统。其中关键的机械部件是四轴飞行器、螺旋桨、外壳和机械连接。四轴飞行器是决定无人机骨架的关键部件。除了这些关键的机械部件，还有许多机械内部的无人机附件，包括PCBA。

3.11.1　类别

在任何系统设计中，机械部分都可分为制造或外购部件。四轴飞行器、塑料外壳和无人机内部的其他定制部件将由机械工程师使用内部的机械 CAD 工具进行设计。它们是专门为农作物监测无人机定制的部件。

一旦在 CAD 工具中完成设计，设计文件就会被提交给制造商，以准备材料和制造最终部件。

另一类是外购物品。螺旋桨、风扇、起落架、螺丝和垫圈通常是需要购买的物品，它们可以通过提供需求或规格直接从供应商那里购买。

3.11.2　关键考虑因素

选择四轴飞行器和相应附件的关键考虑因素是根据目标尺寸、目标重量和其他机械因素，如电路板、摄像头模块尺寸和重量。例如，比起选择其他多轴飞行器的设计，选择简单的四轴飞行器具有很多优势：

- 设计简单，框架很容易在市场上买到从而容易集成。
- 比其他多轴飞行器便宜。
- 适用于各种飞行功能，如翻滚、俯仰、偏航和移动。
- 四轴飞行器既可以用 X 型框架也可以用 H 型框架。

如果市场上有便宜的四轴飞行器，这可以是外购部件而不是自制部件。这进一步减少了无人机制造商的工作量和成本。

类似地，外壳和其他机械部件（如起落架、螺丝和垫圈）都是根据需要选择的，并作为采购项目包括在 BOM 中。唯一非常复杂、在购买前需要专家建议的机械部件是螺旋桨。

许多商用电机和螺旋桨都可用于无人机。关键考虑因素是：

- 升力：无人机应该能够提供两倍于四轴飞行器重量的推力。这包括电路板和无人机内部其他机械部件的重量。
- 尺寸：电机尺寸与机座尺寸的适当比例。
- 功率：电压越高，电机速度越快。这意味着需要更多的电力。选择螺旋桨时，需要在这些特性之间进行适当的权衡。
- 规格：电机的其他规格，如转速、推力、空载、效率等在选择中起着关键作用。

3.11.3　解决方案

考虑所有的规格来为这架无人机选择合适的螺旋桨。摄像头可以安装在无人机的底部，以提供 360 度的视野。除了顶部的螺旋桨和底部的摄像头外，无人机的所有部分都将被一个外壳覆盖。塑料外壳还将覆盖顶部的子板，并暴露天线，以获得更好的信号可达性。

3.12   小结

在本章中，你浏览了配件的选择和关键考虑因素，并举例说明了无人机专用的配件。设计的任何阶段，添加任何小部件的过程和步骤都是相同的。检查其可行性并从不同的选项中选择出最佳的部件总是设计师的责任。除了设计上的考虑，这些组件必须符合工业无人机的工业标准。一般的规则是所有的部件都要符合 RoHS，也就是在配件或部件的制造过程中对有害物质的限制。这也适用于无人机制造。

第 4 章
无人机硬件开发

第 3 章探讨了无人机几个基本要素的关键考虑因素。本章将解释如何将这些电气成分结合在一起来开发无人机的硬件。宏观上，无人机开发可以划分为无人机硬件开发和无人机系统开发。无人机硬件或 PCBA 开发是系统开发的关键部分。硬件以外部件的设计或选择组成了系统的设计。

在任何电子系统中，PCBA 都被认为是一个单独的组装项目，特别是在无人机系统中，其中机械和电子组件发挥着同等重要的作用。即便如此，硬件也是唯一要经过复杂设计过程的东西。不同于 PCBA，其他系统级配件都容易获得或由专门的供应商制造。

PCBA 的开发从架构开始，然后是电气成分的选择，这在前面的章节中已经讨论过了。架构和成分的选择组成了硬件开发的文档部分。实际的设计大部分时间需要电子 CAD 工具的参与。PCBA 的设计过程有几个步骤，既可以并行进行，也可以顺序进行。

设计的第一步是 PCBA 库的开发，最后一步是得到一个完整的、功能齐备的 PCBA。为了得到最终可工作的 PCBA，整个开发周期被划分为设计和验证周期。

如前所述，这个完整的 PCBA 将是组装在无人机系统中的单独机械部件。

4.1 PCB 库的开发

PCB 库的开发是 PCB 设计的重要任务，它是一项费时的工作，通常由受过严格训练的专业人员完成，涉及库管理的各个方面，从创建库元素到创建完整的库管理环境。库通常在中央服务器或云中管理，使得人们能同时访问多个电路板或项目的组件。

库以特定的文件格式创建，并存储为单个文件。不同的工具使用不同的文件格式。为特定工具创建的库不能与其他工具互换。电子组件库的创建过程是一次性的，它将永远保存在服务器中。同一个组件库中，创建或新添加的每个组件都有唯一的部件标识。

整个库必须遵循最新的设计技术和标准，如 IPC-7351B，以确保库的高质量。

符号创建

库的开发就是对系统中所需要的电子元器件进行符号创建。在硬件设计中，任何开发人员都要创建两种类型的符号。它们是逻辑符号（或电路图符号）和 CAD 符号（或 PCB 封装）。

逻辑符号是电路图中电学成分的视觉表示。类似地，封装是 PCB 布局中电气配件的可视化表示。

电路图是电路的视觉表示。在完整的电路图中，所有需要的符号都按照设计要求用电线（网）连接起来。

印制电路板的布局是实际印制电路板的视觉表示，在多层印制电路板中，所有需要的印制电路板封装都通过铜线彼此连接。PCB 布局的尺寸和尺度与实际 PCB 匹配，最后制作成物理 PCB。

电路图中的每个组件都有单独的逻辑符号。如果组件共享相同的包，则一个或多个逻辑符号可以使用相同的封装。例如，电阻的逻辑符号对所有的电阻值都是相同的。设计师必须为他们的设计选择正确的值。新的电阻值被添加到相同的逻辑符号中，并作为元件库保存，而复杂的集成电路对每个元件使用唯一的逻辑符号。为每个组件添加技术规范以及其他属性，如制造商部件号和制造商名称。封装通常作为逻辑符号的属性添加。

1. 逻辑符号创建

每一个电气 CAD 设计软件 / 项目都有一个单独的库管理工具来创建、验证和管理组件库。所有的符号都是在简单的 2D 平面中使用简单的绘图工具创建的，比如正方形、长方形和圆形。分立元件，如电阻、电容、电感和二极管，都是用独特的二维表示法和引脚创建的，这在教材中很常见。集成电路被创建为带有引脚的正方形或长方形盒子。

　　一个标准的做法是用网格来创建符号。把符号放在网格中，便于绘制电路图，电路图也应该遵循类似的网格。符号可以以不同的样式创建。一般来说，整个组织有统一的指导方针和 BKM（已知最佳方法）来标准化符号和电路图。

　　引脚名称和编号通常与组件数据表或设备担保品中的名称和编号匹配。图 4-1 显示了一些用于无人机电源电路的逻辑符号的例子。从左角顺时针方向是电阻、电容、电源、接地、电感和集成电路。图 2-2 中所示架构框图中的所有组件都有一个与所有相关离散组件相对应的逻辑符号和封装。

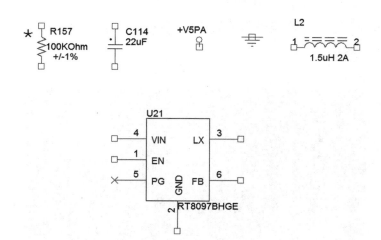

图 4-1　逻辑符号

2. 符号验证

　　符号验证是与符号创建相关的重要过程。一旦符号被创建，在将其添加到集中库之前，请求方及相关方的设计工程师需要对它进行验证。

　　创建的符号应符合标准和 BKM，更重要的一点是，符号应非常适合于电路图设计。引脚的布置方式要使其他外围组件以明显的方式完成连接，并具有更好的可读性。因此，验证符号是否按照要求创建是至关重要的。一旦符号添加到集中库中，它就不能修改，这使得其他的电路板开发人员可以在其他电路板和不同的项目中使用相同的符号。

3. PCB 封装创建

PCB 封装创建类似于逻辑符号创建，PCB 封装创建是通过简单绘图窗口的 2D 电子 CAD 工具完成的。与逻辑符号的创建不同，封装的创建需要另一种专业知识。封装是组件垫或具有适当比例落地图案的精确表示。还提供了所有封装组件高度信息，以便在需要时从布局文件生成 3D 视图。

封装是包含各维度尺寸组件垫的精确副本，不像逻辑符号，后者只是电路图中组件的视觉表示。封装是 PCB 布局中组件的可视化表示。所制造的原始 PCB 将具有所有的组件垫，它被准确地创建为用来安装组件的封装。这个原始的 PCB 与安装在上面的所有组件共同构成硬件，从而形成完工的 PCBA。

图 4-2 显示了包含所有组件封装的完整布局。封装包括红色的电阻、紫色的电容、黄色的电感和绿色的集成电路。

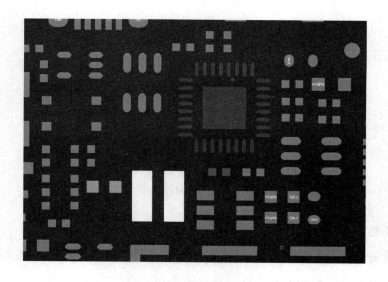

图 4-2　PCB 封装的例子

图 2-2 无人机架构框图中的每个构成块都具有与之相关分立元件的 PCB 封装。

4. 封装验证

封装验证也是一个关键的过程，类似于逻辑符号验证。通常，需要进行多个级别的验证，以检查封装是否符合 IPC 指南。封装被添加到库中，并由电路板开发人员通过组件库访问。

4.2　电路图设计

电路图设计是系统内详细电路元件互连的表示。电路图给出了组件和它们之间联系的详细视图。其精确的底层硬件设计框图如图 4-3 所示。

系统的每一个电气元件都放置在电路图上，并按照设计要求与其他元件进行逻辑和功能上的连接。电路图是考虑所有电气规则和法则完成的，并且是正确操作的指南。一般来说，电路图设计是由专业的模拟和数字电子设计工程师进行的。

4.2.1　电路图采集

图 2-2 中的无人机架构图在电路图采集中被转换为多页电路。具有较少组件的简单硬件电路可以在单页上实现。像无人机这样复杂的硬件电路不能在单页上完成。要用多页来显示跨页连接的多个组件。跨页的连接总是使用页外连接器表示。

在布局上，所有的连接器都用网名标记，以便于识别。当生成网表时，没有网名的连接器赋予随机名称和数字。这有助于工程师在导入布局中的电路图文件后识别和理解布局工具中的电气连接和类型。

连接通常分为电源、接地和信号。信号分为模拟信号、数字信号和射频信号。数字信号进一步分为高速信号和低速信号。每个连接器或接口都遵循一组电气连接和终端的指导方针。在实际连接中，这些信号终端用电阻器、电感器和电容器等适当元件表示。

在电路图中，每个组件都有一个唯一的参考指示器。这个参考指示器有助于识别整个硬件开发过程中的特定组件，特别是在布局、材料清单、测试和验证方面。

除了组件数据表，每个组件制造商都会提供推荐的设计。这种推荐的设计基于评估委员会的设计和制造商提供的测试数据。但是，设计者也可以选择设计完全不同于参考电路的新电路。图4-3是电源元件的电路图示例。对于完整的无人机硬件，有许多复杂的电路设计，在多页的电路图上相互连接，可能遵循也可能不遵循数据表中的参考电路。

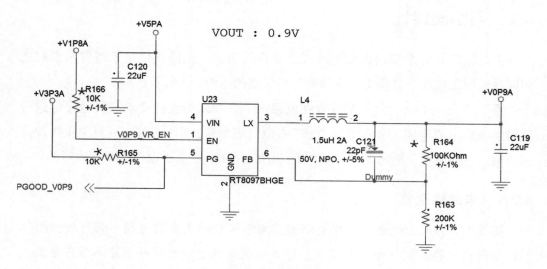

图 4-3　电路图示例

4.2.2　设计规则检查

设计规则检查（DRC）是一个强大的自动化功能，用以检查逻辑和物理设计的完整性。这项检查针对工具中嵌入的任何或所有启用的**设计规则**进行。此工具生成报告和建议。

应该在每个电路图上使用这个功能，以表明电气规则已得到遵守，并确保没有其他设计违例。特别建议在生成最终的网表之前始终执行设计规则检查。

也有用于电路模拟的工具。模拟可以让设计者检查电路的运行情况。然而，模拟需要组件的实际电气模型，否则需要把电路图连同所有组件的电气规格导出到其他模拟工具。

4.2.3　生成网表

生成是电路图设计的最后一步。在电子设计中，网表（netlist）是对电子电路连接性的描述。形式最简单的网表包括电路中电子元件的列表和它们所连接的节点的列表。网络（net）是两个或两个以上相互连接组件的集合。

网表的结构、复杂性和表示形式可以有很大的不同，但是所有网表的基本目的都是传递连通性信息。网表通常只提供实例、节点以及所涉及组件的一些属性。

对于作物监测无人机，将生成三张不同的电路图和网表。一个是主板的，一个是子板的，一个是柔性 PCB 的。

4.3　物料清单

物料清单（BOM）是电路板设计项目从电路图或布局工具生成的关键数据集。这份报告类型的文档提供了构建产品所需所有组件的清单，包括原始板，它基本上是所有其他部件组装的基础"组件"。BOM 作为按照设计构建产品所需采购物品的指南。它还提供了一种根据要求的完整电路板所需的组装电路板数量来计算成本的方法。BOM 是通过专用的、功能强大的报表生成引擎生成，该引擎的接口在工具中称为报表管理器。

电子 BOM 可以是电子表格格式，每一列都有属性。创建逻辑符号时通常为每个组件提供属性。

电路图输入工具提供了以多种格式生成 BOM 的选项。

由于创建电路图是耗时的手工过程，BOM 经常从部分完成的电路图生成。这个部分 BOM 称为中间需求 BOM，它被送到 PCBA 的制造工厂。工厂与供应商沟通，要求零件和所需数量。

制造周期长的组件最好在早期就提交 BOM 的需求。这使得供应商能够从自己那边获得所需数量的组件，以满足 PCBA 的生产计划。图 4-4 是工具生成 BOM 的例子。对于无人机设计，主板、子板和柔性 PCB 会产生三个不同的电子 BOM。

BILL OF MATERIAL

Item	Description	Customer P/N	Supplier	Supplier P/N	Usage	Item Status	Location	Value	Footprint	Package Type
1	CAP,3.3nF,+/-10%,X7R,50V,G,SMD0402		YAGEO	CC0402KRX7R99BB332	1	E	BC1	3.3nF	c0402n6	SMD
	CAP,3.3nF,+/-10%,X7R,50V,G,SMD0402		MURATA	GRM155R71H332K		E				SMD
	CAP,3.3nF,+/-10%,X7R,50V,G,SMD0402		DARFON	C1005X7R332KGT		E				SMD
	CAP,3.3nF,+/-10%,X7R,50V,G,SMD0402		WALSIN	0402B332K500CT		E				SMD
2	LED,Blue,APT1608LVBC/D,5V,2mA,G,SMD0603		KINGBRIGHT	APT1608LVBC/D	1	E	D1	LED BLUE	leds2p16x8n8	SMD
	LED,Blue,B1911NB-02D-003414,5V,2mA,G,SMD0603		HARVATEK	B1911NB-02D-003414		E				SMD
3	DIODE,TVS,PESD12VL1BA,G,SOD323-2,SMD		NXP	PESD12VL1BA	2	E	D6,D7	PESD12VL1BA	sod323 1h11	SMD
	DIODE,TVS,PESD12VL1BA,G,SOD323-2,SMD		NEXPERIA	PESD12VL1BA		E				SMD
4	TVS Diode AZ2025-01H,R7G,SOD-523,2P,G		AMAZING	AZ2025-01H.R7G	2	E	D9,D14	AZ2025-01H.R7G	sod 523 np	SMD
5	FB,120 Ohm@100MHz,+/-25%,3A,25mOhm,G,SMD0603		MURATA	BLM18SG121TN1D	1	E	F88	FB120 Ohm	0603n7	SMD
	FB,120 Ohm@100MHz,+/-25%,3A,30mOhm,G,SMD0603		CHILISIN	UPB160808T-121Y-N		E				SMD
	FB,120 Ohm@100MHz,+/-25%,3A,40mOhm,G,SMD0603		TAI-TECH	HCB1608VF-121T30		E				SMD
	IND,2.4nH@100MHz,+/-0.3nH,400mA,150mOhm,G,SMD0402		CHILISIN	CLH1005T-2N4S-S		E				SMD
	IND,2.4nH@100MHz,+/-0.3nH,300mA,150mOhm,G,SMD0402		MURATA	LQG15HS2N4S02D		E				SMD
6	RES,27 Ohm,+/-5%,1/16W,G,SMD0402		WALSIN	WR04X270JTL	4	E	R206,R207,R208,R209	27	r0402h4	SMD
	RES,27 Ohm,+/-5%,1/16W,G,SMD0402		YAGEO	RC0402JR-0727RL		E				SMD
	RES,27 Ohm,+/-5%,1/16W,G,SMD0402		TA-I	RM04JTN270		E				SMD
7	IC,Regulator,RT8097BHGE,ADJ,2A,G,SOT-23-6,SMD		RICHTEK	RT8097BHGE	2	E	U21,U22	RT8097BHGE	sot23 6 1h15	SMD
8	IC,Switch,SN74LVC1G66DRLR,1.65V~5.5V,G,SOT-1123-5,SMD		TI	SN74LVC1G66DRLR	1	E	U24	SN74LVC1G66DRL	sot553 5h6	SMD
9	CONN,I/O,Audio jack,R/A,Bia,3.15mm,3u,G,SMD-6		SINGATRON	2SJ2269-002111	1	E	U26	2SJ2269-002111	phone jack6h44	SMD
10	Logic IC,Translator,SN74AUP1T34DCKR,0.9V~3.6V,45.65ns,SC-70/SO		TI	SN74AUP1T34DCKR	1	E	U27	SN74AUP1T34DCK	sc70 5h11	SMD
11	XTAL,40MHz,+/-10ppm,15pF,G,SMD		TXC	8240000022	1	E	XTAL1	XTAL 40MHz	x4s26x21h6	SMD
12	XTAL,38.4MHz,+/-10ppm,12pF,G,SMD		TXC	8Q38470013	1	E	X1	XATL-38.4MHz	x4s16x12h4	SMD

图 4-4 工具生成的物料清单

4.3.1 符号属性

生成 BOM 的电路图工具中有一些需要注意的输入。关键输入是符号属性。一般最佳做法是在创建逻辑符号本身时提供所有符号属性。图 4-5 显示了电路图工具的符号属性窗口。第一列显示属性名称，第二列提供相应的符号属性。如果逻辑符号在 BOM 中提供了所有必需的属性，则可以从电路图中生成完整、清楚的 BOM。

	A
Color	Default
Description	Linear IC,Regulator,RT
Designator	
Foxconn Part Number	32014J900-264-G
Graphic	RT8097BLGE_0.Normal
ID	
Implementation	
Implementation Path	
Implementation Type	<none>
Location X-Coordinate	760
Location Y-Coordinate	465
Mfg	RICHTEK
Mfg Part Number	RT8097BHGE
Name	INS17967383
Package Type	SMD
Part Reference	U23
PCB Footprint	sot23_6_1h15
Power Pins Visible	
Primitive	DEFAULT
Reference	U23
Remark	Reserved
Source Package	RT8097BLGE_0
Source Part	RT8097BLGE_0.Norm
Value	RT8097BHGE
VPN	32014J900-VPN-G

图 4-5　符号属性窗口

4.3.2 生成 BOM

可以使用电路图或 PCB 编辑器的 Reports > Bill of Materials（报表 > 物料清单）命令从项目源文档或活动 PCB 文档中生成 BOM。

工具生成的 BOM 要与 PCBA 制造商共享，以添加 BOM 所需的额外信息，通常是本地供应商和成本数据。在整个设计过程中，必须能够对项目进行成本核算，并确定从供应商／分销商订购的设计部件数量。

工厂可以将以下以供应商为基础的数据包含在材料清单中。如果设计者能够从供应商或工厂获得所有这些信息，也可以将这些数据添加到工具生成的BOM 中。

- **供应商**：供应商名称。
- **供应商计价货币**：用于定价数据所选货币的字母代码。对大多数供应商来说，通常是美元。
- **供应商订单数量**：为满足产品所需生产数量所需要的单位数量。
- **供应商部件号**：供应商项目的部件号。与制造零件号不一样。
- **供应商库存**：供应商有多少单位的产品库存。
- **供应商小计**：供应商订购数量乘以供应商单价，得到该项目的小计。
- **供应商单价**：供应商项目的每单位成本。

4.3.3　材料准备

为 PCBA 准备材料在任何工厂都是复杂的过程。每个部件都需要经常检查，并跟进供应商的库存情况。一旦特定的零件数量设计被固定下来，制作电路板后就不能修改。

同一供应商或竞争供应商可能会提供一些与封装兼容的组件。但存货难以在正确的时间获得，因此也难以满足时间表的要求。

4.4　布局设计

设计完成的电路图电路会被转换成 PCB。电路图中的网表被导入到布局工具中作为基础。当布信号线时，电气元件需要被分组和放置，以符合所有的电气指南。

PCB 布局可以手工完成（使用 CAD）或与自动布线相结合。最好的结果通常仍然至少使用一些手工布线来实现，只是因为设计工程师对如何安排电路有更好的判断。许多自动布线的电路板在其导线布线方面经常是完全不合逻辑的，程序优化了连接，但牺牲了任何可能已经手动布线到位的少量顺序。

CAD PCB 的布局是由多层构成的。为了便于说明，通常各层是有色的，并被压缩到一个叠加图像中。电路设计和 PCB 叠加图像通常是由设计师向客户提供的 CAD 软件包产生的 PDF 文档。PCB 叠加层可以很容易地印刷为实际的尺寸、裁剪，并用于与机械项目近似的尺寸比较。例如，打印件可以放在实际的附件内，看它将如何定位与其他部分的关系。组件也可以按照垫板标记放置，作为快速的尺寸检定。

导线的宽度是基于电流、可用空间、零件尺寸和电磁干扰的权衡结果。导线布局也是一种类似的权衡，它也会选择何时从电路板的一边规避到另一边以避开障碍物，但总体上，通常的目标是在连接点之间找到最短的规则路径。考虑到阻抗、磁化率和轨道上的信号，环路面积是设计进行时要考虑的另一个权衡。除此之外，还有制造的设计。

4.4.1　电路板轮廓

对于无人机来说，考虑到机械结构，电路板的一种可能的形状是矩形。但是圆形、三角形或其他特殊的 PCB 形状并不少见。无人机 PCB 通常被设计得尽可能小，但如果你的应用不需要这么做，那就没有必要了。

如果把 PCB 放入无人机外壳中，它的尺寸可能会被机壳的大小限制。这种情况需要在布局 PCB 前了解外壳的尺寸，以使电路板的所有组件都能在机壳内部。正如第 2 章所见，ID 定义了 PCB 的尺寸和轮廓。

不同的元件也会影响成品 PCB 的尺寸。例如，表面贴装的组件是小且薄型的，所以你将能够把 PCB 做得更小。通孔组件更大，但通常更容易找到和焊接它们。

4.4.2　层堆叠

在单层或双层 PCB 上设计更大的电路是很困难的。大多数组件包都是 BGA 包，需要在内层中布信号线。考虑到信号的密度和布线的复杂性，可能需要使用包含不同层的多层通孔来实现最小的尺寸。第一级的初始评估是在架构阶段完成的，如第 2 章所示，并被推进到实际的布局设计中，如果需要的话可以进行修改。

大多数 PCB 制造商支持指定不同的层厚度。"铜重"是制造商用来描述铜层厚度的术语，单位是盎司[⊖]。层的厚度将影响流过电路而不破坏导线的电流大小。影响多少电流可以安全地流过电路的另一个因素是导线宽度。要确定宽度和厚度的安全值，需要知道流经相关线路的电流。在线导线宽度计算器可以帮助确定给定电流的理想导线厚度和宽度。

多层 PCB 通常有几个连续的接地层，整个层覆盖接地的铜片。正面的导线被布局在顶层，并通过孔或通孔接地。由于大面积的铜起到了屏蔽电磁场的作用，所以对于容易受到干扰的电路来说，接地层非常适合。它们还有助于散发元件产生的热量。

4.4.3　电气约束

在专业设计的 PCB 中，大部分铜导线都弯曲成 45° 角。其中一个原因是，45° 角比 90° 角缩短了元件之间的电子路径。另一个原因是高速的逻辑信号会从折角的背面反射回来，造成干扰。

此无人机项目使用超过 200MHz 的数字逻辑或高速通信协议。所有的通用高速指南都是适用的，比如避免在导线中的 90° 角和通孔。对于速度较慢的电路，90° 的导线不会对电路性能有很大的影响。

与层的厚度类似，导线的宽度将影响多少电流可以流过电路而不损害电路。

导线到组件和相邻导线的距离也将决定导线的宽度。当设计包含许多导线和元件的小型 PCB 时，你可能需要使导线收窄，以便将一切都容纳进去。

1. 信号完整性

高速设计的挑战需要一些额外的工作，以确保信号完整性。这可以通过遵守以下基本模拟电路设计规则并小心使用 PCB 布局的技术来达到。

传输线可以定义为"发射机和接收机之间能携带信号的导电连接器"。传统上，传输线路被认为是基于远距离操作的电信电缆。然而，在高速数字信号传输的情况下，即使是最短的无源 PCB 导线也会受到传输线的影响。在低频时，导线

⊖　1 盎司 =28.350 克。——编辑注

或 PCB 导线可以被认为是理想的无电阻、电容或电感的电路。但在高频时，交流电路特性占主导地位，导致阻抗、电感和电容在导线中普遍存在。

阻抗失配

源输出、线路、接收机或负载的阻抗不均等会导致阻抗失配。这种失配意味着传输信号没有完全被接收器吸收，而多余的能量被反射回发射机。这个过程会一直持续下去，直到所有的能量都被吸收。在高数据速率下，这会导致信号过冲、欠冲、振铃和阶梯波形，从而产生信号错误。阻抗失配可以通过将收发器缓冲器匹配到传输介质来克服。对于 PCB，这可以通过仔细选择介质和使用终止方案来实现。

用于克服阻抗失配的终端方案取决于应用。此类方案包括简单的并行终端和更复杂的 RC 终端，其中电阻电容网络提供低通滤波器以消除低频影响，但高频信号可以正常通过。

信号衰减

高频信号传输线损耗使接收端难以正确解读信息。以下两种类型的传输线损耗是由于传输介质造成的：

- **介电吸收**：高频信号激发绝缘子中的分子，使绝缘子吸收信号能量。这种吸收降低了信号强度。介电吸收与 PCB 材料有关，可以通过精心选择材料来降低介电吸收。

- **表面效应**：交流和高频信号引起的变化电流波形往往在导体表面传播。在高频率下，信号在表面上传播导致材料的自感产生增加的感应电抗，从而迫使电子跑到材料的表面。导电区域的有效减小引起电阻的增加，从而导致信号衰减。增加磁道宽度可以减少表面效应，但这并不总是能实现的。

串扰

当信号沿着导线传送时，导线周围就会产生磁场。如果两根导线放置彼此相邻，两个磁场就有可能相互作用，导致信号之间的能量交叉耦合，称为串扰。以下两种类型的能量耦合是引起串扰的主要原因：

- **互感**：磁场使从驱动导线产生的感应电流出现在静止导线上。这种互感引起静止导线的发射机端（近端电感）出现正波，传输线的接收机端（远端串扰）出现负波。

- **互电容：** 当电流注入静止导线时，两个电场的耦合与驱动器内电压的变化率成正比。这种互电容在传输线的两端引起正波。

2. 电源完整性

电源完整性（PI）是检查所需电压和电流的要求是否从电源到目标得到满足的一种分析。今天，电源完整性在新电子产品的成败中扮演着重要角色。PI 有几个耦合的方面：芯片上、芯片封装上、电路板上和系统上。要确保印制电路板级的电源完整性，必须解决四个主要问题：

- 保持芯片的电压纹波低于规格。
- 控制地弹反射（也称为同步开关噪声、同时开关噪声或同时开关输出）。
- 控制电磁干扰，并保持电磁兼容性：配电网通常是电路板上最大的一组导体，因此是发射和接收噪声的最大天线。
- 高电流负载下保持适当的直流电压水平是具有挑战性的。现代的处理器或现场可编程门阵列可以在低于 1 伏的 VDD 电平上产生 1～100 安，AC 和 DC 的边界为几十毫伏。因此，配电网上可容忍的直流电压降非常小。

从电源通过 PCB 和 IC 封装到模具的电流路径称为配电网络。它的作用是在直流电压降很小的情况下将电力传递给用户，并支持用户处的动态电流产生很小的纹波。如果在从 VR 到负载的平面上有太多的电阻或电力导线，就会发生直流电压降。这可以通过提高 VR 上的电压或将 VR 的"感觉"点延伸到消费者来解决。

消费者开关其晶体管时会发生动态电流，这种开关通常由时钟触发。这种动态电流会远大于用户的静态电流（内部泄漏）。快速的电流消耗会拉低导线的电压，产生电压纹波。电流的变化比 VRM 的反应速度要快得多。因此，开关电流必须由去耦电容器处理。

噪声或电压纹波必须取决于工作的频率采取不同处理。最高频率必须在模具上处理。这种噪声是通过在模具上的寄生耦合和金属层之间的电容耦合来解耦的。高于 50～100MHz 的频率必须在包装上处理，通过封装电容来实现。低于 100MHz 的频率在 PCB 上由平面电容以及使用去耦电容器处理。电容器工作频率取决于它们的类型、电容量和物理尺寸。因此，有必要利用多个不同尺寸的电容器，以确保跨频率范围的低 PDN 阻抗。电容器的物理尺寸影响其寄生电感。寄生电感在某些频率产生阻抗峰值。因此电容器越小越好。电容器的位置取决于工作频率。具有最小值的电容器应尽可能接近消费者，以减少交流电流环路面积。在微法拉范围内较大的电容器可以放置在任何地方。

目标阻抗是指特定用户的动态电流所产生的纹波在规定范围内的阻抗。除了目标阻抗，重要的是要知道它适用的频率，消费者封装要负责哪个频率（这是在具体消费者 IC 的数据表中指定的）。

4.4.4 机械约束

在当今电子产品开发过程中，最具挑战性的一项工作是管理项目中不同参与者之间的协作。PCB 设计人员经常发现自己需要在工业或机械设计人员和电子设计人员之间进行谈判。每个团队的需求可能会发生冲突，PCB 设计者通常必须解决这些差异。

对于机械设计师和 PCB 设计师来说，最重要的一步是就共同工作的基本规则达成一致。建立通用的坐标系、方向、尺寸和单位是开始良好开端的关键。

与机械 CAD 程序相比，PCB 设计软件的机械设计能力非常有限：

- 大多数 PCB 设计软件只能从一个方位和一个方向查看电路板。只能从单面查看电路板，反面特征和组件是通过电路板的 "X 射线透视" 查看的。
- PCB 设计软件通常没有灵活的尺寸标注能力。特别是大多数 PCB 软件缺乏自动连接尺寸，而机械 CAD 用户认为这种功能是理所当然的。
- 大多数 PCB 设计软件在测量和记录功能之间的距离时缺乏灵活性。而即使是成本最低的机械 CAD 软件也实现了广泛的相对测量和 "快速" 功能。

坐标系

电路板行业中，标准的原点是放在电路板的左下角，横轴为 x 轴，纵轴为 y 轴。有些设计者更喜欢使用左下角的安装孔或模具孔作为原点。对于某个边角有切角或倒角的电路板，则把原点放在没有切角的那个边角或剩下的任何一个边角。对于圆形或径向对称的板，把原点放在板的中心。为异形的电路板建立有用的原点可能需要一些创造力。

方向

如果可行的话，把最长的轴置于水平方向，以支持在标准的横向计算机显示器上看到最大的区域。从相同的角度创建所有的电路板图，除非有令人信服的理由在另一个方向显示它们。如果图纸需要从"镜像"的反面看，一定要保持相同的原点，并提供注释，以帮助设计师明确哪边是哪边。

尺寸

PCB 设计人员习惯于使用坐标尺寸。用纵坐标样式书写所有的尺寸，消除了计算功能和组件位置的需要，从而消除了一个常见的错误来源。

阻止区域（KOZ）

机械设计人员需要与 PCB 设计人员沟通如下内容：

- 电路板的物理描述：电路板的形状，包括槽、裁剪、厚度、安装位置、直径和工装孔。
- 设计约束：两侧的最大组件高度和禁止区域。
- 关键组件的位置和零件数量，特别是连接器：除了最简单的电路板，单独的图纸中需要放置的大量信息。杂乱的图很难画出来，识读起来也容易出错。当有疑问时，为不同的信息创建单独的图。一定要保持方向一致和明确！

物理约束

绘制电路板形状的规模和细节槽、切割、倒角、安装／工具孔、孔间隙。对于曲线部分，显示中心点和半径，加上曲线端点的位置。PCB 被碾磨成型，所以凹角需要圆角。如果有可以扩展或缩小的板面尺寸，请在图纸上注明。一定要注意所需的板厚（ 0.062 英寸、0.093 英寸和 0.031 英寸的厚度是少数常见厚度）。创建系统级的图纸会是很好的沟通物理约束的方式。显示叠加在外壳上，或与系统中其他电路板有关的电路板。

设计约束

明确设计约束，如部件是否可在两侧放置以及每一侧的最大组件高度。显示需要无组件或无导线的区域。在图上放一个箭头和一个注释来指示系统气流的方向。

元件位置

指定元件位置是 PCB 设计项目中最具挑战性的部分之一。几何中心是许多零件的最佳参考点，如芯片电阻、电容器、二极管、晶体管和集成电路。然而，其他组件（如连接器）并不总是有明显的参考点。以下是一些指导原则：

- 使用配合面的几何中心作为垂直安装连接器的参考点。
- 对于直角连接器，确定中心线和前端的尺寸。
- 对于通孔连接器，包括至少一个引脚（引脚 1）的一组参考尺寸。注意，使用垫片作为参考点并不总是适用于表面贴装部件，因为垫片中心可能与引脚或引线中心不一致。
- 对于所有的连接器，显示引脚 1 和引脚 2 的相对位置。
- 对于 FFC/FPC（扁平伸缩电缆 / 扁平印制电路）连接器，标明电缆导电侧和电缆插入方向。一般来说，不要担心包括额外的"参考"尺寸。有疑问时，添加一个说明来解释选择的参考点。

重要的是在导入网表之前设置电路板的轮廓、堆叠、电气和机械约束。所有这些约束都是通用的，其中的一些约束可能与无人机设计有更大的关系。

4.4.5 网表

网表是电路图的最终输出文件，也是 PCB 布局的主要输入。

所涉及组件的实例、节点和属性以及连接都被导入到布局工具中。导入组件后，可以手动放置或自动放置。

放置

组件根据功能分组在一起并放置得更靠近彼此，以减少信号线路的长度。

图 4-6 展示了放置在电路板轮廓中的 IC。与此 IC 相关的组件（图中最右侧）被分组在电路板的外面，还未被放置在电路板轮廓中。从网表导入的其他组件已经被分组和放置在电路板轮廓内。

布线

放置完成后，电气设计人员将根据电气指导原则检查放置情况，并进行放置审查。放置完毕后，CAD 工程师开始对信号布线。布线是逐层、逐个接口地完成的。信号的电学特性基于信号的类型，在约束管理器中提供。不同的信号类型需要不同的布线。信号的导线宽度和最大长度根据所使用的层而变化。

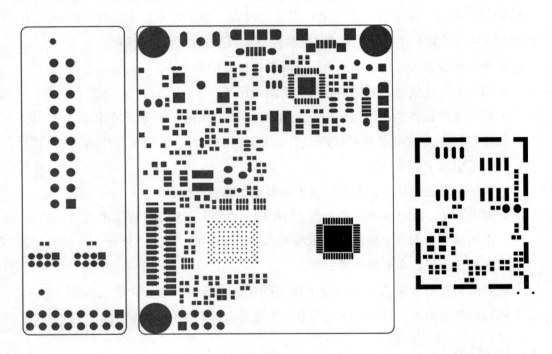

图 4-6 完成部分放置的 PCB CAD 文件

图 4-7 显示了在放置完成的电路板中部分布线的内层。右下方的网络没有布线。它需要按照指导方针与其他网络有间距地布线。信号网络必须满足导线阻抗的要求。

机械检查

CAD 工程师可以通过电气 CAD 工具为机械工程师生成某些文件。机械工程师需要这些文件来生成 PCB 组装的 3D 视图。

PCB 组装的 3D 视图是有一定标准的文件格式，可以导入到任何机械工具中，来将无人机的机械组装与其他已经导入到工具中的机械组件或在同一工具中设计的机械组件一起进行检查。

Gerber 格式文件发布

Gerber 格式最初由一家名为 Gerber 的公司开发，目前指的是一种广泛接受的标准，能够描述电路板图像，如导体层、焊接掩膜层和刻印文字层。

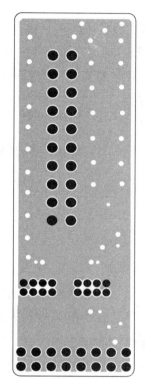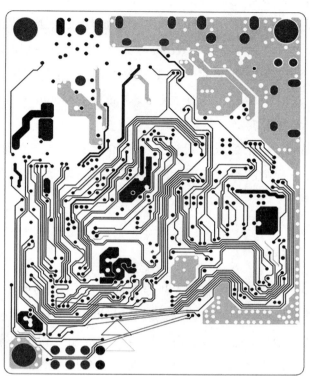

图 4-7　完成部分布线的 PCB

　　印制电路板是在专门的 EDA（电子设计自动化）或 CAD 系统中设计的，此系统进一步生成电路板制造数据，在此基础上开始电路板制造。PCB 制造商不会完全了解 PCB 设计文件的所有细节，除非生成一个 Gerber 格式文件供其参考和指导。应用 Gerber 格式文件来描述电路板的每一幅图像的设计要求，既可用于原始板的制作，也可用于 PCB 的组装。

　　谁都不希望印制电路板项目延迟。延迟的 PCB 通常会因为浪费的插槽而向制造商支付巨额赔偿。理想的情况是把你的设计文件发送给 PCB 制造商，而制造商根据你的文件安排电路板制造并提供产品。然而，实际情况并非如此简单。

　　从发送设计文件到最终的电路板到货通常需要很长一段时间。采取一定的有效和提高效率的措施可以避免 PCB 制造不必要的延迟。

当涉及原始电路板制造时，标准的照片绘图仪和其他希望输入图像数据的制造设备，像刻印文字打印机、直接成像仪、自动化／自动光学检测设备都需要 Gerber 格式。简单地说，Gerber 格式文件是 PCB 制造过程自始至终都必不可少的。

当涉及 PCB 组装时，Gerber 格式中包含了钢网层，并且对元件的位置进行了调整，这对于 SMT（表面贴装技术 Surface Mount Technology）组装、通孔组装和混合组装都是重要的参考数据。

Gerber 文件在 PCB 设计工程师和 PCB 制造商之间起到了连接和转换的作用，使设计工程师的想法和理念能够被制造商理解，从而有效并高效地生产出正确可靠的产品。

4.5   小结

本章讨论了通用和无人机专用的硬件开发程序和过程。硬件开发周期从体系结构框图开始，但实际详细设计从设计库的创建和系统中的多个电路板的电路图设计就开始了。把完成的电路图与适当的输入和先决条件传输到布局工具。布局的先决条件定义了轮廓、堆叠以及电气和机械约束。最后，无人机所有电路板所需的 Gerber 文件发布标志着无人机硬件设计周期的结束，这是整个开发周期的前半程。

第 5 章
系统组装、定型和验证

产品开发周期的后半程是电路板的定型（bring-up），这有助于最终的系统定型。Gerber 文件发布之前不会看到物理硬件或系统部件。电路板定型时，实际的硬件和机械部件就可以动手操作了。接下来的章节将讨论更多实际硬件和系统的制造、通电、测试和验证。系统经过测试和验证后，就会按照 PRD 所有的设计和认证要求开始试制系统。系统使用功能列表部署。试验系统通常分配给内部客户并局限于实验室环境，直到系统通过监管和合规测试。来自客户的反馈和输入将被整合以进一步调整系统。通常，有单独的工具用于缺陷指派、跟踪和问题解决。

任何电子产品都需要通过监管和环保合规测试。系统上的无线电和其他通信模块使其必须通过更严格的合规标准。除了通常的商业和工业电子产品认证外，操作无人飞行器（无人机）意味着要遵守美国联邦航空管理局（FAA）规定的附加标准和法规。

本章涵盖了无人机的制造和组装，以及根据系统 BOM 订购的制造和购买物品清单。PCB 是主要的制造物品，它们是内部设计的，并由 PCB 供应商使用复杂的制造和组装过程生产。

5.1　PCB 制造工艺

对于大多数电子系统的设计，PCB 的制造、组装和启动过程是相同的。将

Gerber 文件发放给 PCB 制造商后，PCB 制造过程立即开始。设计工程师将澄清制造商初始评估 Gerber 文件后提出的任何工程问题。解决了所有的工程问题后，制造过程开始。设计和布局工程师不参与 PCB 制造，但拥有生产工艺和设计（DFM）概念的工作知识总是好的。对这些概念的了解将会提高印制线路板设计成果的质量，也将避免重复的错误并减少工程问题的数量。

制造步骤

根据 PCB 供应商所使用的技术，PCB 制造公司有特定的制造流程。在多层 PCB 中，铜箔、半固化片和核心材料夹在一起，见 2.3.3 节。多个层在高温高压下压在一起。高压和高温促使预浸胶熔化，这种预浸胶将多层材料黏合成单独的 PCB。

简单双层 PCB 的标准制造步骤如下：

1）把电路板原材料切割成合适的大小和形状。

2）根据钻孔文件（设计包的一部分）钻出 PCB 的安装孔和通孔。

3）在钻孔上镀上铜（镀层厚度由设计工程师指定）。

4）用干胶片压电路板。

5）通过在顶部曝光干胶片和导线胶片，将布线转移到电路板上（每层布线都是唯一的）。

6）将电路板放入电铜机中，使其导电。

7）加入电锡，除去干胶片保护的铜。

8）除去干胶片。

9）用一种特殊的液体蚀刻掉电路板上无用的铜。

10）清除锡。

11）在电路板上涂锡掩模，它是环氧树脂，通常是绿色的（锡掩模是 PCB 上的绿色材料）。

12）在组件焊盘（顶部和底层）上暴露焊接掩模。

13）丝网印刷。

14）完成表面部分。

15）执行飞针探测器测试。

16）运行功能和质量检查。

17）包装并运送原始 PCB 到组装车间。

对于多层印制电路板，各层是分别完成的，并按设计文件的正确方向按顺序压制在一起。然后在多层夹心板顶部和底部电镀所需厚度的铜。电路板的顶层和底层继续步骤 2 的 PCB 过程。

如果 PCB 的尺寸很小，制造商也可以按照设计师的要求进行"合装包"制造。合装包 PCBA 是将两个或多个相同的 PCBA 组装在一个 PCB 衬底上。合装包也可以用相同层堆叠制作不同的 PCBA。合装包配置增加了输出并降低了成本。

用于核心和多层 PCB 内层的半固化片材料是不同类型的。顶层和底层通常是镀有铜的厚铜箔。顶层和底层的总铜厚度是铜箔和电镀的综合厚度。

大部分 PCB 制造商的成品电路板的厚度通常是 ±10% 的误差。最后的电路板被装箱发货，用于 SMT（表面贴装技术）组装过程。

5.2　PCB 组装过程

与制造过程不同，组装过程需要设计工程师的大量参与。如前几章所述，生产 BOM（电子 BOM）是 PCB 组装的最终输入。从制造商运来的多层原始 PCB 是生产 BOM 的流水线项目之一。

系统物料清单可以包括多个 PCBA（例如，在一种农作物监测无人机系统中，有主板、子板、柔性 PCB 等）。系统中的每个 PCBA 都必须经过相同的制造和组装过程。

PCBA 制造商也会评估 PCB 设计的功能，这主要包括 DFM 检查。这是初步的步骤，在真正的 PCBA 过程开始之前，设计工程师和制造商之间的培训和知识转移就已经开始了。

大多数专门从事 PCB 组装的公司都需要 PCB 的设计文件，以及其他设计说明和具体要求。对于更复杂的设计，设计师在发布实际的 Gerber 文件之前，先将预发布 Gerber 文件作为试用包发布，以便 PCB 组装公司可以检查 PCB 文件是否有可能影响到 PCB 的功能或可制造性。这项活动针对可制造性问题、短路或其他电气问题进行设计。

这项检查也包括对 PCB 设计规格的检查。更具体地说，它查找任何丢失的、多余的或可能有问题的功能。这些问题中的任何一个都可能对最终项目的功能产生严重的负面影响。例如，一个常见的 PCB 设计缺陷是 PCB 元件之间的间距太小，这可能导致短路和其他故障。

生产开始前通过 DFM 检查发现潜在的问题，可以降低生产成本并消除预期以外的费用。这是因为这些检查减少了产量上不去的问题。

电路板可以在组装后立即通电。要使电路板准备好通电要遵循一些关键步骤。它们是手工的、最佳的方法，传统上被任何 PCBA 定型过程所遵循。

5.2.1　表面贴装组装工艺

表面贴装组装工艺是在 PCB 上组装表面贴装设备。市面上有各式各样的 SMD 元件包，它们的形状和尺寸各不相同，例如，BGA、QFN 和 LGA 是提供给集成电路不同种类的 SMT 封装。

表面贴装技术的发展是为了将高度复杂的电子电路制成越来越小的元件，并具有良好的重用性和更高的自动化水平。SMT 降低了制造成本，使工程师能够更有效地使用 PCB 空间。完成 PCB 的 SMT 有必要的多个步骤流程。

1. 涂锡膏

将锡膏涂在板上是组装过程的第一步。一块薄的不锈钢模板被放置在 PCB 上，类似于在丝网印刷过程中放置掩模。这使得技术人员只能将锡膏涂在目标 PCB 的某些焊盘上。元件将放置在完成的 PCB 的这些焊盘上。

锡膏是一种灰色的物质，由细小的金属球组成，也称为焊料。锡膏将焊料与助焊剂混合，助焊剂是一种有助于焊料熔化并粘接在表面的化学物质。锡膏看起来是灰色的膏体，必须把它们按正确的数量涂在电路板正确的位置上。

专业的 PCBA 生产线（也称为 SMT 生产线）中，机械夹具将 PCB 和锡网一起夹持到位。焊锡膏涂抹器将焊锡膏精确地涂抹在预定区域。机器将膏体涂在模板上，均匀地涂在每一个开放区域。移开钢网后，锡膏保留在预定位置或元件焊盘上。

2. 拾取并放置

将锡膏涂在 PCB 上后，PCBA 工艺将移到取放机（pick-and-place machine）上，取放机是一种机器人设备，用于将表面贴装元件（SMD）放置在已准备好的 PCB 上。目前，SMD 在 PCB 上的非连接器元件中占大多数。在 PCBA 工艺的下一步中，这些 SMD 焊接到电路板的表面。

传统上，这是用镊子进行的手工过程，加工技术人员必须手工拾取和放置部件。现在，在所有的 PCB 制造商中，这一步都是自动化的过程。之所以会出现这种变化，很大程度上是因为机器往往比人类操作更准确、更一致。

设备通过用真空抓物器吸起 PCB 并将其移动到拾取和放置工位来启动拾取和放置过程。机器人在该工位定位 PCB，并开始在 PCB 表面应用 SMT。这些元件被放置在预设计位置的焊锡膏上部。

3. 回流焊

一旦锡膏和表面贴装部件都到位，它们需要固定在那里。这意味着锡膏需要固化，将元件粘在板上。PCB 组装通过一个称为回流的过程来实现这一点。

一旦拾取和放置过程结束，PCB 被转移到传送带。这个传送带通过大的回流烘箱，这有点像商用比萨烤箱。这个烘箱由一系列加热器组成，可以逐渐将电路板加热到大约 250 摄氏度，或 480 华氏度。这个温度足以熔化锡膏中的焊料。

一旦焊料熔化，就会继续把 PCB 传送过烘箱。它通过一系列的冷却器加热器，使熔化的焊料以受控的方式冷却和固化。这就创建了将 SMD 连接到 PCB 上的永久性焊点。

许多 PCBA 在回流过程中需要特别考虑，特别是对于双面 PCB 组装。双面 PCB 组装需要为每一面分别进行印刷和回流。首先，对具有更少和更小零件的一面制模、放置、并回流，然后再加工另一面。

4. 检查和质量控制

一旦表面贴装组件在回流焊后焊接到位，下一步需要对组装板进行功能测试。通常，回流过程中的移动会导致连接质量差或完全脱开连接。短路也是这种移动的常见副作用，因为错位的元件有时会连接到不应该连接的部分电路。

检查这些错误和偏差可能包括几种不同的检查方法。最常见的检查方法包括人工检查、自动检查和 X 射线检查。

人工检查

尽管自动化和智能制造的发展趋势即将到来，PCB 装配过程仍依赖人工检查。对于小批量的产品，设计师亲自进行目测是保证回流焊后 PCB 质量的有效方法。但是，随着要检查的电路板数目增加，这种方法变得越来越不切实际和不准确。盯着这样的小部件超过一个小时会导致视觉疲劳，导致检查不准确。

自动检查

自动光学检测是一种比较适合批量生产的 PCBA 的检测方法。自动光学检查机（也称为 AOI 机）使用一系列高功率摄像头"查看"PCB。这些摄像头被安排在不同的角度来观察焊接连接。不同质量的焊点以不同的方式反射光线，支持 AOI 识别焊接质量较低的焊点。AOI 的速度非常快，可以在相对短的时间内处理大量的 PCB。

X 射线检查

另一种检查方法要用到 X 射线。这是一种非常规的检查方法。它通常用于更复杂或多层的 PCB。X 射线可以让观察者穿透上层并观察较下的层来检查，以确定任何潜在的隐藏问题。

经过全部这些检查后，故障电路板的命运取决于加工公司的标准，它们将被送回进行清理和返工，或报废。

不管检查是否发现了这些错误，下一个步骤都是对零件进行测试，以确保它能发挥应有的作用。这包括测试 PCB 连接的质量。需要编程或校准的电路板需要更多的步骤来测试适当的功能。

这种检查可以在回流处理后定期进行，以确定任何潜在的问题。这些定期的检查可以确保错误被发现并尽快修复，有助于制造商和设计者节省时间、劳力和材料。

5.2.2　通孔组装工艺

包含更多的电子互连和机械部件的 PCB 包括超出通常 SMD 的通孔连接器。

无人机电路板是非常好的例子，它有相同数量的 SMD 和通孔组件。这些可以是被镀通孔组件或不镀通孔组件。

被镀通孔是 PCB 上的一个孔，它被镀到整个电路板上。PCB 元件利用这些孔将信号从电路板的一边传递到另一边。在这种情况下，锡膏不会有任何好处，因为锡膏将直接通过孔漏下，而没有机会固定。

PTH 元件在后期 PCB 组装过程中需要一种更专业的焊接方法，而不是涂焊膏。

1. 手动焊接

手工通过孔插入是简单的过程。通常情况下，一个工位的工作人员负责将组件插入指定的 PTH（通孔）。一旦他们完成了，电路板就被转移到下一站，在那里另一个工人继续插入不同的元件。对于每一个需要装备的 PTH 来说，这个循环都在继续。这可能是一个漫长的过程，取决于 PCBA 的一个周期内需要插入多少 PTH 组件。大多数公司因为这个原因特意避免使用 PTH 组件进行设计，但是 PTH 组件在 PCB 设计中仍然很常见。

2. 波焊

波焊是手动焊接的自动化版本，但包括一个非常不同的过程。一旦 PTH 元件放置到位，电路板被放在另一个传送带上。这一次，传送带通过专门的烤箱，在那里有一波熔融焊料在电路板的底部洗刷。这就把在电路板底部的所有的引脚一次性都焊接上了。这种焊接对于双面 PCB 来说几乎是不能用的，因为焊接整个 PCB 面会使任何精密的电子元件变得失效。

此焊接过程完成后，可以对 PCB 进行最终的检查，如果 PCB 需要添加额外的元件或组装另一面，也可以进行之前的检查。

5.2.3 最终检验和功能测试

PCBA 工艺的焊接步骤完成后将对 PCB 进行功能测试。这种检查称为功能测试。该测试将 PCB 置于其工作状态，模拟 PCB 将运行的正常情况。在测试中，电源和模拟信号通过 PCB，同时测试人员监视 PCB 的电气特性。

如果这些特性中的任何一个，包括电压、电流或信号输出，显示出不可接受的波动或达到超出预定范围的峰值，PCB 就不能通过测试。然后，根据公司的标准，失效的 PCB 可能被回收或报废。

测试是 PCB 组装过程中最后也是最重要的一步，它决定了整个过程的成败。这也是整个装配过程中定期测试和检查是如此重要的原因。

5.2.4　后期工艺

焊膏会留下一些助焊剂，而人工操作会将油脂和污垢从手指和衣服转移到 PCB 表面。一旦这些都发生了，结果就会导致电路板看起来有点不干净，这既是一个美学问题，也是一个实际问题。

焊剂残留物待在 PCB 上几个月后，它们开始有异味和黏性。也会变得有些酸性，久而久之会损坏焊点。此外，当新出厂的 PCB 被残留物和指纹覆盖时，客户满意度往往会受到影响。由于这些原因，在完成所有焊接步骤后清洗产品是很重要的。

使用去离子水的不锈钢高压洗涤设备是去除 PCB 残留物的最佳工具。用去离子水清洗 PCB 对设备没有害处。这是因为破坏电路的是普通水中的离子，而不是水本身。因此用去离子水执行清洗周期对 PCB 是无害的。

洗涤后，使用压缩空气快速干燥循环 PCB，完成后准备开机。

通常，设计工程师会在工厂进行初始通电。工厂通电可以帮助工程师解决任何与工厂本身相关的问题。熟练的员工和经过培训的返工技术人员可以在与机器相同的质量水平上返工。

5.3　电路板上电

一旦 PCBA 完成，有几个关键的初步检查和健全的检查要做，以确保电路板准备好了上电。没有完成这些步骤时上电会破坏电路板，电路板会永久报废，不能用了。这就是完整性测试很重要的原因。否则，许多工程师使 PCBA 正常工作的努力将会白费。电路板看起来可以工作，但实际上可能有多个隐藏的硬件问题，只有在开发固件 / 软件时这些问题才会出现，使得它们很难调试。这是因为许多独立的子系统相互通信并一起工作才能实现完整的功能。

有很多可能的变化需要检查。这种检查必须非常仔细地进行，必须采集所有的观察结果，以便在出现任何问题时可以重新查看。打开 PCBA 电源之前的传统检查如下所述。

5.3.1　基本检查

第一步是检查电路板正面和反面使用的所有元件是否按照 BOM 进行焊接。装配严格按照生产 BOM 中的安装或无安装元件进行。

无安装元件是设计中使用的可选元件，它们不是加电或基本功能所需的。这通常是为了将来的扩展或次要功能的备份电路。

所有的部件都应验证其制造零件编号。制造零件编号应与 BOM 中给出的完全一致，包括版本 ID 和日期代码（如果有的话）。

引脚 1 的标记或方向应该与随设计包装一起发布给 PCBA 制造商的组装文件或电路板文件相匹配。

分立元件的极性应根据设计进行验证。反向安装极化元件（如二极管、电容器和电感器）可能导致短路或元件损坏。

通过目视检查，焊盘之间不应该有任何可见的短路。焊盘的焊接质量应该良好（QFN 焊盘，连接器的螺距要小）。高级显微镜可以清楚地检查小尺寸的部件。

5.3.2　短路检查

完成完整性检查后，必须对电路板进行阻抗和短路检查。应该对电轨上的各点对地阻抗和对其他电轨的阻抗进行测量。电源对电源和电源对地连接之间不能有任何短路（0 欧电阻）。

有些电轨有很低的阻抗。英特尔最新一代多核处理器的 CPU 核心电压甚至可以显示 1 欧阻抗，因为那条轨道要求很高的电流。由于较高的电流消耗，一些电源线可能会显示低阻抗，如 20 欧、40 欧或 90 欧。

开机前，所有电源线的阻抗都应符合要求。例如，用数字万用表测量如第 2 章图 2-10 所示的所有电轨时，都应该显示有限电阻，保证电路板符合安全开机要求。

5.3.3 电源检查

如果所有的轨道阻抗都符合预期或计算，下一步是将主输入电源按照主输入电源需求连接到主板上。如果系统是电池供电的，它会连接到充满电的电池上。通常，使用带有数字显示（电流和电压）的台式电源来提供电源，通过电池连接器供电，以了解电路板的总电流消耗。这让测试工程师能够限制流到电路板的输入电流，以避免任何因大电流摄入或短路的情况造成的系统损坏。

最新一代的 SoC 将轨道分类为电源轨道和能源管理轨道。始终运行的轨道必须一直运行，而不考虑功耗状态。一些轨道可能在默认情况下是不需要的，只有在安装了适当的软件 / 固件后，才可以使用它们。作为第一步，验证在电路板上始终在运行的轨道。

例如，在无人机系统中，当系统处于闲置和接地状态时，螺旋桨的动力可以关闭。当系统需要启动应用时，它可以被打开。这将节省一些电力并减轻电池的损耗。这些轨道完全依赖于软件或应用。

当所需的输入电源供应到电路板，一直运行的电源就接通了。这些电轨的电压应按要求达到电压等级和公差标准。

对于要接通的其他电压，需要安装固件或软件，这是定型过程的下一步。未达到退出标准的电源可能在实际设计、组装甚至 PCB 上有问题。

数字式万用表是测量电轨的合适设备。

5.3.4 测序和复位检查

加电顺序是要测试的重要特性，它验证是否所有的动力轨都符合预期和要求的公差。如第 4 章所述，每个设备都需要特定的加电顺序。整体加电顺序是通过整合所有单个设备的加电顺序要求来设计的。

多通道阴极射线示波器（CRO）是检测加电顺序的合适设备。最新一代 CRO支持同时检测四个频道。四个轨道可以连接在一起，并可以测量这些轨道之间的时间。

需要高带宽 CRO 测量更快的斜坡时间和功率信号之间的每分钟延迟。通常，不同的设备有各自的启用和复位信号。所有这些都是控制信号，要与电轨一起测量。平台复位信号是任何加电顺序结束时最后释放的信号，通常从最后一个功率器件开始释放，一直到 SoC，之后整个平台就完成了复位。

图 2-11 是加电顺序要求的一个例子。在实际电路板上的时间可以利用 CRO 探测信号来测量。采集任何两个信号就足以检查时间。使用一个 CRO 同时采集四个信号，或者使用一个逻辑分析仪同时采集所有信号。

5.4　电路板级测试

如果电路板的电源、复位和时钟都是稳定的，那么下一个阶段是电路板级测试软件安装。如果所有必需的软件都就绪，它还可以进行电路板级功能测试。

BIOS 是第一级软件，开机后立即在主板上被刷入。在一些设计中，由于软件对几个或多个电轨的依赖，BIOS 是必须完成加电顺序的。BIOS 安装之后是操作系统安装，然后是应用程序安装。只有在 BIOS、OS 和应用程序都加载之后，主板才会显示所有电轨和任何操作迹象。没有软件，任何子系统和输入输出设备都不能工作。

5.4.1　BIOS 闪存编程

BIOS 可以在任何系统中以两种方式进行刷入。一般来说，主板上有一个闪存设备，它通常是有限大小的非易失性内存，用于 BIOS 编程。该闪存设备可以利用闪存编程器直接通过主板上的外部连接器编程。另外，主板可以通过任何通信接口连接到主机系统，通过命令行接口刷入或更新 BIOS。

flash 程序通常是只有主机系统才能理解的二进制文件。通常，在项目开始之前，BIOS 工程师将评估内存设备和 BIOS 文件的大小。

为了更新 BIOS，闪存芯片必须完全擦除并用闪存编程实用软件来更新。这基本上就是所谓的"刷新 BIOS"过程。这被称为"刷入"（flash），因为 BIOS 代码存储在闪存（flash）中。

硬件设置和配置也可以在 BIOS 中使用命令完成。

5.4.2　操作系统和应用程序安装

嵌入式操作系统通常设计为资源高效利用和高可靠性。资源高效利用是有代价的，会失去更大的电脑操作系统提供的一些功能或粒度，包括可能不是专门的应用程序运行所使用的功能。根据用于多任务处理的方法，这种类型的操作系统通常被认为是实时操作系统（RTOS）。

无人机与其他嵌入式电子系统工作在相同的操作系统上。然而，应用程序是专门为四轴飞行器定制的。在操作系统上，Web 和移动应用程序都需要为无人机定制。

对于农作物监测无人机，有实时图像采集和分析等应用程序。此外，需要开发连接性，还要开发相应成分和子系统的驱动程序。

一旦操作系统和所需的应用程序就位，就可以对无人机进行电路板级别的功能检查了。一些系统级的部件，如电机、摄像头、Wi-Fi+BT 和 LED 可以直接连接到电路板上，而不需要机械互连来完成电路板级测试。要在 PCB 制造工厂内部验证所有的电气材料，避免电路板调试后的 PCBA 远离工厂验证实验室。

5.4.3　功能检查

零部件的正确操作（系统元件）对平稳、安全飞行和其他操作是至关重要的。作为第一级测试，无人机硬件可以只用一个电路板级组装单独测试，而不需要装配任何机械结构来验证所有电路板级功能。在硬件上安装操作系统和所需的应用程序之后，可以进行电路板级功能检查。

在一个典型的农作物监测无人机架构中，有许多电路板级元件可用来单独测试电路板功能。主电路板（包括子系统（如 SoC））、内存、存储、飞行控制器、传感器），子电路板（Wi-Fi+BT 模块）、摄像头、电池、天线和电机首先组装与所有的电气互连，不带外壳，做电路板级功能检查。

完整的电路板级验证帮助设计人员和测试工程师在系统组装前修复电路板上的任何硬件或软件级问题。硬件级别的错误可以通过在 PCBA 上进行返工来修复，然后再将其放入外壳中。如果有不能通过返工解决的问题，电路板将再次经过整个设计周期。电路板的重新设计推迟了产品的推出，进一步偏离了项目的原计划。除了实际的设计问题，如果硬件满足所有的初始软件需求，就不太可能出现其他硬件问题。与硬件不同，软件问题可以在后期很容易地修复，而不需要对硬件进行任何返工。

如果硬件、软件和所需的应用程序都得到了功能验证，那么就会建立有限数量的电路板并通过软件确认。电路板完成和系统确认之后，就可以进行部署。

5.5　设计确认测试

对任何系统的电路板都要进行设计确认测试，以确保设计适合生产。这个过程确定了电路板中的任何问题。问题可以在设计的任何地方识别出来，并且可以基于功能、压力或极端边缘用例测试。即使没有问题，也可能有机会在下一个版本的电路板或产品中优化、削减成本、增加产量。

对于硬件来说，需要两个关键的验证过程来保证硬件的量产性。它们是电力和电气验证测试。此验证使产品可用于最终用户部署。

5.5.1　电源确认

对于每个单独的电源设计和无人机的整体系统，电源确认都是必须要做的。这些电源要针对各种用例场景、操作条件和极端情况（例如环境、高温和低温下的正常工作电压；较低的温度下工作电压高；较高温度下工作电压低）。所有验证测试用例都是从部署的角度完成的。

验证电源和验证性能的设计裕度是必要的，以确保产品的高质量和可靠性。如果产品进入现场后出现问题，不验证电源会使设计容易受到潜在不良情况的影响。产品负责人将不得不召回或用工作良好的产品替换它们。如果发生这种情况，制造商将会蒙受很大损失。一些电源设备在典型情况下运行可能无任何问题，但可能处于正常运行的临界点。当电源被加热或冷却或当元件老化时，其特性就会改变到临界设计可能失败的点。

无论电源有多么基础，都应由合格人员进行测试，以确保其符合系统要求。不管是否有完整的软件编码和完整的功能验证，重要的是要验证电源是否具有足够的设计裕度来正常工作和运行。

良好地理解各种测试用例、要执行的过程和数据采集，有助于有效地完成此工作。设计人员应制定电源测试规范和测试计划。测试规范应包括所有可接受的操作极限和系统必须在的各种操作条件（温度、线路条件等）。测试计划描述了如何确保设计符合测试规格的过程。

系统条件（线路、负载等）和环境因应用程序而异。因此，具体的测试规格和计划因系统而异。

电源验证测试需要台式电源、电子负载、万用表、示波器和网络分析仪等设备。

1. 电源集成

验证任何电源的首要步骤是测量电压轨上的纹波、噪声和瞬变。如果发现任何电源有问题或者值没有在规定的限制范围内，需要调整电源，直到这些值在限制范围内，并使输出干净。

目前还没有普遍接受的测量纹波和噪声的方法。每个制造商（有时是同一制造商的不同产品）可能有不同的测量方法。在某些情况下，测试示波器的带宽定义为20MHz 或 100MHz。此外，在制造商定义的测试设置中，有时还需要增加电容器、电阻器、绞线和 / 或同轴电缆等部件。为了满足产品指定的纹波和噪声规格，必须小心遵循制造商定义的测试设置。

2. 效率

对于任何动力装置，特别是电池供电的操作系统，效率测量是非常重要的活动。低效率或任何电源不必要的功耗可能会导致在正常操作时不必要地消耗电池。

测量效率所需的三个基本设备是可编程的台式电源、电子负载和数字万用表。

隔离电路板上每个电源的输入和输出连接。电力供应从台式电源通过电路板上设备的输入测试点，连接到电源设备输出端的电子负载。测量不同负载条件下的输入电压、输入电流、输出电压、输出电流。将输入电压和输入电流相乘得到输入功率，输出功率的计算与此类似。对在电路板上使用的每个电轨都应用"效率＝输出功率／输入功率"的简单公式。

理论计算可能会随少数或所有电轨的测试结果而变化。这个差异需要分析，而计算需要被纠正。效率方面的任何问题均须加以调整，以符合 PRD 规定的目标系统耗电量。

3. 热量

所有的功率器件和分立元件（mosfet、功率电感器和大容量电容器）都应在规定的运行条件下运行，以保证安全可靠的性能。每个组件数据表都指定推荐的操作温度条件。正如在前面章节中看到的，任何超过安全运行条件的组件都显示出高故障率和低可靠性。

所有的关键或高功耗装置的外壳温度可以使用热电偶测量。除环境温度外，该测试还必须在高和低操作温度下进行，也可用于消费级或工业级。一般来说，在更高负荷的用例中，电路板是保持在热室中，在所有电路板的冷却系统到位（这是系统组装的一部分）的情况下。每个设备都被连接到有更长延长线的热电偶，用于在室外的测量。

设备的温度在不同的负载和使用情况下进行测量，以确保包装温度在一定范围内，并符合最新国际标准，如 JEDEC 标准。从热力角度来看，这将使该电路板具备部署的条件。

4. 功率和性能

任何产品成功的关键因素之一是达到功率目标。产品特性列出了不同用例的电池寿命。每个系统用例都有特定的功率目标。

系统功率目标被分解为设备级功率目标。每个设备都有自己的功率目标。通过记录各设备的主备功耗计算出系统的主备功耗。每个设备的目标功耗值在数据表中指定。

有专门的设备可以进行这种功率测量。例如，NIDAQ 是一种数据采集（DAQ）设备，用于测量电压、电流、温度、压力或声音等电子或物理现象。

此设备支持同时进行多通道测量。所有的电压轨可以同时连接在主系统通道的可用通道上，用于电流和电压测量。可以对不同的系统用例，像飞行模式、主动模式和待机模式做高精度数据采集。由采集结果计算出各子系统的功耗和系统整体功耗。不同的耗电量水平与 PRD 订明的用电指标有关。如果所有的动力目标都满足，电路板和系统就认为准备好了。任何不符合电源目标要求的电源都需要重新审视或重新设计。如果这些问题由于设备或半导体本身的缺陷不能解决，那么 PRD 声称的电池寿命时间必须根据实际测量重新审视或改变。

5.5.2 电气确认

电气确认采集所有子系统的电信号质量。例如，如架构框图所示，SoC 和子系统之间的接口（如 PCIe、SATA 和 SD 卡）在各种操作条件下确认了所有测试场景的质量和可靠性，从而使无人机成为一种产品。与电源确认类似，电气确认也是从产品部署的角度进行的。

对于电源和电气确认测试，设计阶段都必须有详细的计划并得到所有人的同意。

1. 信号完整性测试

信号完整性是一套评估电气信号质量的测量方法。电气信号只是电压或电流的波形。需要对系统上使用的所有接口进行验证，并且必须采集结果。

不同的探测技术被用于单端和差分信号。另一种分类是低速信号和高速信号。低速信号和高速信号之间没有明显的区别。通常，频率超过 50MHz 的信号被认为是高速信号。这也取决于信号的路由。较长线路的低频信号也被认为是信号完整性的关键。

理论上，虽然设计遵循了第 4 章中提到的所有电气约束，但物理电路板可能会由于计算参数和材料性能的变化而出现问题。

在正常工作的电路板中，从质量的角度来看，被采集来确认信号质量的关键参数是信号频率、超调、欠调、上升时间、下降时间和脉冲宽度 / 形状。

从计时的角度来看，必须采集和确认时钟和数据之间的设置时间和保持时间（用于读写操作）。如果这些参数达到退出标准和值的规范，那么电路板就宣布部署就绪。

如果有任何测量值不符合规范，则问题必须通过硬件或软件调优来解决。如果其中任何一个问题不能得到解决，电路板将进入重新设计周期。大部分的信号完整性问题是由于 PCB 线路阻抗失配、返回损失、插入损失、串扰和抖动造成的。

如果设计预期有潜在问题或设计师对特定接口没有足够的信心，可以实现可选电路。如果设计师预期在测试阶段有任何潜在的问题，可选电路可用于调整。此调整可以在稍后的确认阶段在电路板上完成。

2. 集成测试

集成测试完全依赖于软件。所有可编程集成电路必须安装正确的软件版本来进行这个测试。集成测试测试用例检查不同系统组件之间的总体交互是否按照规范进行。例如，单个设备读取、单个设备写入、中断读取、中断服务、设备重置和 GPIO 启用 / 禁用都是集成测试的一部分。

5.6　无人机组装

前几节讨论了系统组装、定型和确认的一般流程。下面将讨论如何将通用流程应用到无人机产品生命周期中。

所有的无人机部件在正常飞行中都起着关键作用。每一个零件都需要根据设计进行确认。无人机没有一个部件是无关紧要的，为了平稳、安全地飞行，即使是螺丝也必须合适，没有任何公差错配。

在组装无人机之前，对每个部件的了解是很重要的，有助于调试在飞行过程中出现的任何问题。以下是整个系统需要装配的无人机关键部件清单。除了电路板之外，大部分系统部件都是购买的。它们可以是从第三方供应商购买的标准部件或定制部件。

- 螺旋桨
- 电机
- 起落架
- 无人附件
- 无人机硬件

5.6.1 无人机系统确认测试

无人机系统确认包括广泛的检查，包括目测、飞行观察和功能检查。装配前，无人机的每个机械部件都有一个检查表。

螺旋桨负责将无人机从地面提升到空中并推动它前进。大多数商用无人机螺旋桨是由塑料或碳纤维制成的。测量螺旋桨的长度、宽度、厚度和形状，看它是否按照设计要求制造。

电机设计对无人机来说非常重要。选择更高效、更可靠、更安静的电机是关键。更高效的电机节省电池电量。

对于无人机，一些关键的系统级测试用例是：

- 无人机空闲模式
- 无人机飞行模式
- 无线网络 + 蓝牙通信
- 无线遥控
- 电池充电和放电
- 静态采集地面和飞行
- 视频采集地面和飞行

5.6.2 系统试生产

完成系统确认测试后，所有的质量和可靠性标准都通过了，无人机可以宣布部署就绪。如果系统已经部署就绪，制造商将使用大批量制造技术来进行试生产。

工厂使用工具是为了在常见的大批量生产任务中实现某些生产任务的自动化。装配线是大批量生产领域的一个很好的例子，在这些领域中，零部件是由人工、机器或两者的结合逐个组装起来的。组装过程中的每个工人或机器都执行一项特定的任务，然后将部件传递给另一个工人或机器，直到创建最终产品所需的所有任务完成。工厂的工人通常会通过机械工程师的装配指导来组装最终的无人机产品。

试生产的产品分发给有限的内部客户进行产品测试。这些试运行版本只在实验室环境中进行测试。一些试生产的样品被提供用于产品认证。只有经过授权的监管测试实验室的认证，这些试运行版本才能分发到现场进行测试。

5.7　小结

一组软件设计包文件是如何通过 PCB 制造和组装过程转换成完整的物理 PCBA 的，这就是本章的全部内容。

完成的 PCBA 或硬件然后返回到设计师的手中进行测试和确认。详细的验证和确认检查硬件的质量、可靠性和部署准备情况。硬件在满足标准后，符合无人机系统组装的要求。无人机作为部署准备的产品再次进行确认，并进行所有预先计划的系统级测试。系统级测试的成功结果触发了工厂的试生产。试生产只是一个开始（它也称为预生产单元）。这有助于硬件和软件的微调。在所有这些完成之后，将该系统投入生产的最后一步是认证。

第 6 章
软 件 开 发

一般来说，对于任何系统设计，第一步都是进行硬件和软件的划分，这意味着确定什么功能在硬件中完成，什么功能在软件中完成。硬件设计部分在前面几章中已经讨论过了。

到目前为止的章节已经从硬件的角度讨论了无人机系统设计，这是本书的主要目标。从本章起将介绍系统的软件方面。这一章的标题可能不太合适，因为这一章不仅涵盖软件开发，而将从规划开始，并涵盖软件的开发、集成和维护。

对于任何标准的软件开发，软件开发过程和考虑事项的大部分都类似，这在许多书籍和其他材料中都有涉及。因此，本章重点将是解决无人机专用软件设计的各个方面。这主要有两个方面的因素：低功耗和实时。

6.1 软件开发和部署

软件开发和部署是由许多阶段组成的详细过程。整个流程称为软件开发生命周期。

6.1.1 软件开发生命周期

软件开发生命周期（SDLC）是规划、实现、测试、部署和维护软件系统的过程。在这种情况下，需要开发和集成多个软件片段以创建平台，然后验证功能的正确，在出现问题时进行调试，根据需要进行维护和升级。

因此，总的来说，适用于无人机软件设计和部署的阶段或步骤如下：

- 开发
- 集成
- 验证
- 调试
- 维护

在我们的无人机设计中，大量的软件都将从不同的供应商获得，整个软件栈只有一部分将在内部开发。

就开发而言，开发本身包含多个阶段：初步分析、系统分析、系统设计和实现。在我们的特定事例中，大部分的软件组件都将由组件供应商提供，所以真正的活动将从集成开始。然而，仍然有一些组件需要在内部开发。

软件开发业务中，各种与开发和维护相关的活动都遵循特定的过程和方法。这些过程和方法一起定义了模型。在接下来的几个部分中，我们将讨论最突出的一些模型，并选择要使用的特定模型。

6.1.2　软件开发模型

实践中有各种各样的软件开发模型。模型指的是软件开发过程中应用的各种过程和方法。模型是根据软件项目的性质来选择的，这意味着某些模型更适合于特定类型的项目。以下介绍一些在实践中比较突出的软件开发模型。

1. 瀑布模型

瀑布模型遵循顺序方法，其中流程中的每个关键活动都被表示为单独的阶段，并依次执行。换句话说，在瀑布模型中，像需求、设计、实现、测试和维护这样的阶段是一个接一个地执行的。因此，只有采集和分析了所有的需求，设计才会开始。图 6-1 说明了瀑布模型。

很明显，瀑布方法最适合事先很好地了解需求并且几乎不会进行任何更改的系统。

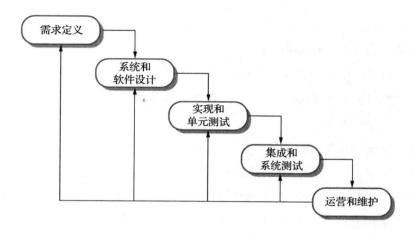

图 6-1　瀑布模型

2. V 型模型

V 型软件开发模型与瀑布模型相似，因为过程的执行是按顺序进行的，然而，它是 V 型的。V 型 SDLC 也称为验证和确认模型，因为它是由每个开发阶段的测试 / 验证 / 确认驱动的。图 6-2 详细说明了 V 型模型。

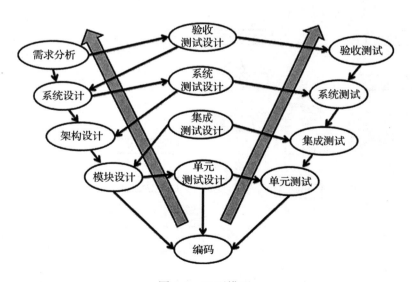

图 6-2　V 型模型

很明显，V 型模型只适用于那些需求事先已经很好地理解并且需求变化的可能性很小的系统。

3. 增量、迭代和敏捷模型

增量、迭代和敏捷虽然略有不同，但却是相关的模型。

增量模型开发初始实现，向用户公开实现以获得反馈，并将其经过多个版本，直到开发出完整的系统。

迭代开发模型旨在通过跨所有组件构建全部功能的各个小部分来开发系统。

因此，增量方法和迭代方法之间的关键区别在于，增量方法中的每个增量都构建软件的一个完整功能，而在迭代方法中，它只构建所有功能的一小部分。换句话说，在某种意义上，在迭代开发模型中，只有实现部分在迭代中进行，而产品的功能集保持不变，然而，在增量开发阶段，功能集会随着版本的变化而变化。

在某种程度上，敏捷开发方法结合了增量和迭代两种模型。敏捷方法中，有预定义周期/时间线的迭代。采用迭代方法，并在每次迭代之后交付可工作的软件。根据功能集，每个构建都是递增的，最终的构建包含系统所需的所有功能。图 6-3 是敏捷模型。

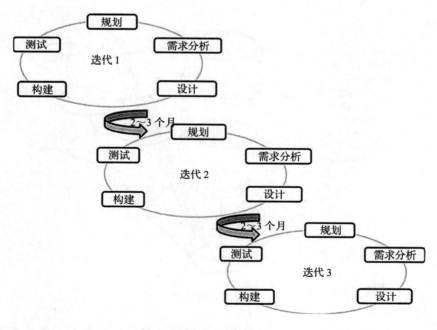

图 6-3　敏捷模型

很明显，增量、迭代和敏捷方法最适合于这样的系统：最终的功能集提前不知道（取决于客户的反馈），并且 / 或者特定功能的功能集 / 优先级可能会改变，这通常是当今大多数软件系统的情况。因此，很容易推断，这些方法现在是非常普遍和流行的。

本讨论对最常用的方法进行了快速总结。软件开发模型不仅有这些。其他模型，像 RAD（快速应用程序开发）模型和螺旋模型并不常见。回到无人机设计的讨论，我们的需求事先就相当明确，而且对无人机系统级的半成品 / 部分功能进行测试并不可行。因此，对于我们的系统，将使用瀑布方法。

讨论了软件开发和部署中的关键过程、方法和模型之后，让我们讨论一下需要什么软件组件，应用什么具体的设计和开发考虑事项，为每个组件应用什么方法 / 模型，以及如何集成这些组件。让我们从通用系统的软件栈开始，然后再转向具体的组件。

6.2　软件栈

软件栈是创建完整平台所需的一组软件子系统或组件。除了组件集 / 列表之外，软件栈还涉及这些组件之间的相互关系。典型的软件栈类似于图 6-4。

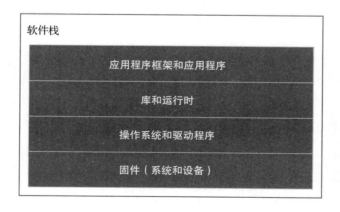

图 6-4　软件栈

图 6-4 显示了按照逻辑组织为各个层的软件组件。底层是固件组件，它也可以

视为硬件的一部分。上面的一层是操作系统和驱动程序，它们被认为是特权软件，可以访问更上层（库 / 运行时和应用程序）不能访问的硬件和资源。这种边界通常称为操作的内核模式和用户模式。

6.2.1　硬件

由于系统软件在很大程度上依赖于底层硬件，让我们简要介绍一下参考无人机的硬件设计。中心是一个 SoC，它充当中心点并将所有东西黏合在一起。然后还有各种独立的硬件组件，如摄像头、传感器（包括 GPS）、连接设备（Wi-Fi + BT）、充电器等，它们通过各种控制器接口连接到 SoC。

现在，从软件的角度来看，首先需要启动系统的系统固件。系统固件由 SoC 供应商提供。除了 BIOS 之外，系统固件还包含用于系统上各种组件的 UEFI（pre-OS）驱动程序。

通过系统固件，系统可以引导 UEFI shell。但它还没有任何东西可以获取，所以现在需要在系统上安装操作系统。

6.2.2　系统固件和设备

系统固件负责设置 SoC 和引导系统。当按下电源按钮并执行启动活动时，包括 POST（上电自检），由系统固件负责。系统固件由 SoC 供应商提供。参见图 6-5。

在当今世界（系统）中，设备也有固件。设备固件和设备硬件提供指定的功能。通常，设备固件是设备本身的一部分。但是，可以升级设备固件（这是将硬件和固件作为独立实体的关键原因之一）。只有少数情况下，我们需要更新已经投入市场的设备固件。设备供应商提供专有工具和机制以及更新的固件，用于升级固件。操作系统供应商为设备固件更新包建立标准。

固件更新包的高级机制或架构是操作系统软件将设备固件作为负载传递给系统固件。然后系统固件访问设备并更新固件。设备供应商负责确保为系统固件（基于 UEFI）提供一种机制，以便通过已建立的协议访问设备和更新固件。

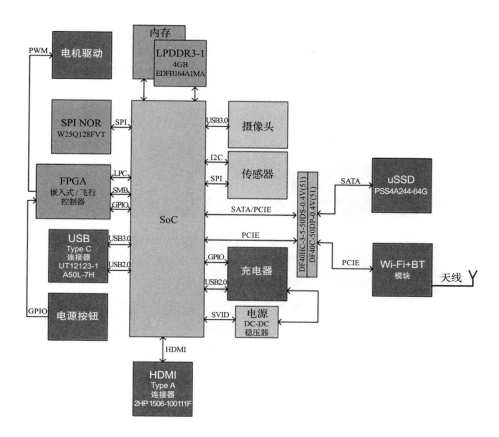

图 6-5　硬件设计框图

6.2.3　操作系统

　　无人机系统选择的操作系统是实时操作系统。实时操作系统（RTOS）是一种用于实时应用程序的操作系统，这些应用程序在数据进入时对数据进行处理，并有严格的响应时间要求。实时操作系统的关键特征是它需要遵守响应时间要求。实时操作系统就是根据这一需求设计的。在案例中，我们选择了基于 Linux 的 RTLinux 操作系统。RTLinux 是 GNU-GPL 许可的开源软件。图 6-6 展示了 RTLinux 系统的设计。

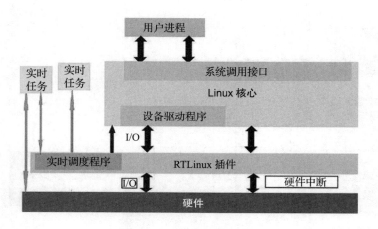

图 6-6 RTLinux 系统架构

可以看出，RTLinux 操作系统中，在真正的硬件和标准 Linux 内核之间有一个层（RTLinux 层或 RTLinux 插件）。标准 Linux 内核根本未被修改，并且在 RTLinux 操作系统中，RTLinux 插件 / 层接管整个调度，并将其作为标准内核的硬件代理。实时任务直接由 RTLinux 层处理，而标准内核则被视为低优先级的单片任务。

关于 RTLinux 层或插件需要注意的关键是：

- RTLinux 位于真正的硬件和内核之间
- 充当 Linux 内核的硬件
- 将内核视为一个整体的大进程

可从网上下载 RTLinux。它是开源的，因此我们可以根据需要定制系统。

6.2.4 RTLinux 的设计

为了理解 RTLinux 的设计，需要了解标准 Linux 内核的体系结构和工作原理。Linux 内核将硬件与用户级软件和应用程序分开。内核负责调度和分配每个任务的优先级，以优化用户体验和性能。调度策略是基于优先级的时间共享（FIFO、轮巡等）系统，这意味着内核有能力在消耗了分配的时间片后暂停任何任务。这种调度算法与设备驱动程序、不可中断的系统调用、中断禁用（在特定点）以及虚拟内存使用和操作一起，造成了响应时间和任务性能方面的不可预测性。执行预定的时间片的任务之后，标准 Linux 内核可以抢占该任务并调度另一个任务。因此，任务的连续性会丢失。如果任务没有实时需求，它可能不会意识到这一点，因为所有这些来回切换都发生得非常快。然而事实是，试图确保 CPU 时间在所有任务之间的公平分配时，内核可以防止任何一个特定任务不间断地使用 CPU。

现在，实时内核的基本期望是内核能够保证运行任务的时间要求。RTLinux 内核通过消除刚才讨论的不可预测性来实现实时的性能。正如我们在图 6-6 中看到的，可以把 RTLinux 内核看作位于标准 Linux 内核和硬件之间的一层。RTLinux 层作为硬件的代理，因此，Linux 内核将 RTLinux 层视为实际的硬件。Linux 内核作为另一个任务运行，它与其他实时任务一起运行。现在，用户可以为每个任务引入和设置优先级。实时任务的调度是由 RTLinux 层而不是标准的 Linux 内核执行的。用户可以通过决定调度算法、优先级、执行频率等来实现进程的正确定时。RTLinux 层将最低优先级分配给标准 Linux 内核。

另一种实现实时性能的方法是拦截所有的硬件中断：只对与实时任务相关的中断运行适当的中断服务程序。所有其他中断都作为软件中断传递到 Linux 内核。标准 Linux 内核在 RTLinux 内核空闲时运行。RTLinux 执行本身是不可抢占的。

另一种改进实时性能的方法是，实时任务是有特权的，因此可以直接访问硬件，并且它们不使用虚拟内存（虚拟内存是不可预测性的最大原因之一）。实时任务被编写为特殊的 Linux 模块，可以动态加载到内存中。实时任务的初始化代码负责初始化实时任务结构，并通知 RTLinux 内核其截止日期、周期和释放时间约束。

RTLinux 与 Linux 内核共存，因为我们不需要修改标准 Linux 内核。如前所述，通过应用一些相对简单的修改和技巧，RTLinux 成功地将标准 Linux 内核转换为硬性的实时操作系统。

讨论了 RTLinux 的架构和设计之后，让我们来讨论一下整个无人机系统的软件栈 / 架构。有了实时 Linux，潜在的软件架构将如图 6-7 所示。RTLinux 内核位于硬件之上。实时进程由 RTLinux 内核 / 层直接处理。非实时进程由标准 Linux 内核处理。图中名为"服务代理任务"的任务是侦听和响应远程请求（监视、控制等）的服务。远程监测和控制任务通过互联网 / 网络协议连接到"服务代理任务"。

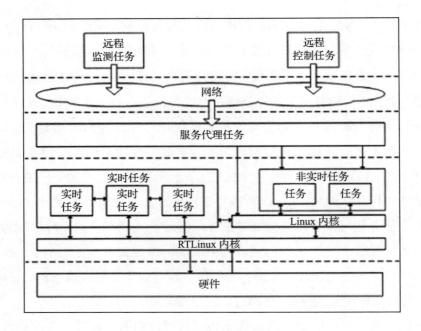

图 6-7 完整的 RTLinux 软件体系结构

6.2.5 SDK 和库

通常，为了满足我们的目的，有许多第三方 SDK 和库可以获得、安装和使用。这个特定案例中，需要成像 SDK 用于监视目的。OpenCV 和 GStreamer SDK 对于我们的示例无人机来说已经足够好了。OpenCV 是与视觉相关的 SDK，它支持我们理解采集的数据。它支持识别图像中的物体，如果需要的话，还能采取相应的动作。GStreamer 是支持采集和转换数据的媒体框架。

6.2.6 应用程序

应用层负责实现无人机的预期用途。正在设计的系统有两个关键要素：无人机应该能够在指定区域飞行并执行监测。作为监测的一部分，无人机需要采集视频并将其传输到监测站。

我们可以自己从头开始设计应用程序，然而，许多供应商都可以为无人机提供软件。Skyward、DroneDeploy 和 DroneFly 是无人机行业的一些无人机软件供应商。使用已经建立的软件可以使无人机的生产更容易、更快、更高效。

既然我们在讨论这个话题，这里有一些开源软件包，可以让你创建无人机设计和它的基本组成部分：

Mach Up：http://linsideunmannedsystems.com/ma/

Wired：麻省理工学院的无人机设计软件

6.3　无人机设计关键考虑事项

正如本章开始部分所讨论的，无人机软件开发的过程/方法与任何其他软件系统相似。在讨论过的潜在模型中，我们选择使用瀑布方法是因为它符合我们的需求：需求是众所周知的，而且（如在增量/迭代模型中采用的）提供不完整的、只完成了部分功能的无人机给用户反馈/测试几乎是没用的。

然而，很明显，无人机系统有几个具体的属性需要考虑。这些软件设计/开发的考虑因素并不是与硬件设计分离的，因此我们将一起讨论它们。这意味着将讨论无人机系统的具体属性，然后在硬件和软件方面进行具体的设计考虑，以满足需求。设计无人机系统时需要考虑的两个关键属性是：

1）无人机是电池供电系统，这意味着它们可以在一次充电的情况下运行一段时间。因此，必须采用低功耗设计规则/指南来优化系统的功耗。

2）无人机是实时系统，这意味着无人机在非常严格的时间/响应时间限制下运行。无人机是采集/感知数据的飞行设备，它们需要处理数据并迅速做出反应，以避免潜在的严重事件。

下面几节将在这两个方面详细展开讨论，并讨论需要做出的特定硬件和软件设计选择。

6.3.1　低功耗

无人机靠电池运行，需要在不充电的情况下更高效地运行。这并不是说不使用电池的系统就不需要高效能源。一直保持高效率是很重要的。然而，对于电池驱动的设备来说，更重要的是比那些总是连接电源的设备更有效率。

1. 硬件考虑事项

在系统级别，我们需要随时管理系统的电源，这意味着当系统在工作（工作电源管理）、空闲（空闲电源管理）以及连接待机（连接待机电源管理）期间都需要管理电源。为了管理这三种场景的电源，有许多设计考虑事项，其中关键的几项如下：

1）系统中的元件应支持不同的运行性能水平和相应的功耗水平。这可以通过在适当的性能级别上运行来优化性能。由于更高的性能级别需要更高的功耗，更低的性能级别需要相应更低的功耗，因此通过将元件设置为适当的性能级别，系统能够优化功耗。

2）系统中的元件应该支持具有不同唤醒延迟的各种休眠状态：更深的休眠状态消耗更少的能源，但有更长的唤醒延迟。使用元件的行为，系统/软件可以将空闲元件设置为适当的低功耗休眠状态（基于唤醒延迟），从而节约能源。

3）平台应该支持系统级低功耗状态：适当的系统级软件可以把系统功耗状态通过练习/利用这些状态，从而节约能源。

4）在平台设计级别，应该以这样一种方式做出设计选择：同一用例中涉及的元件共享电源资源（换句话说，在同一个电源域中）。然而，更重要的是，不同用例中（互斥）的元件不应该共享电源资源。这使得系统/软件能够关闭未使用元件的电源资源，从而节约能源。

2. 软件考虑事项

为了更好地理解软件的考虑事项，应该首先了解电力消耗的基本原理，然后是节省电力或优化功耗的哲学。

系统的功耗

大致来说，系统在通电时有两种模式：第一种模式是系统处于使用状态时的工作模式，第二种模式是系统处于开机状态但正在待机并等待用户输入。待机模式下，为了节省电力，大部分系统元件都可以关闭，因为它们是空闲的。为了有效地管理电源和状态转换，高级配置和电源接口（ACPI）标准详细定义了各种系统状态和设备状态。一般来说，设备/IP 在低功耗状态下是无功能的。为了再次使用设备/IP，需要将设备/IP 从低功耗、无功能状态恢复到功能状态。这个过程所花费的时间称为唤醒延迟。同样，经验法则是，功耗状态越低，将设备 / IP 恢复到完全功能状态所需的时间就越长（唤醒延迟越高）。

那么，说到系统所消耗的功率，如图 6-8 所示，总功耗是工作模式、待机（休眠）模式和唤醒模式功耗的总和。唤醒电量是在唤醒过程中浪费的电量。简单地说，如图 6-8 所示，有三种类型的功耗，并在系统中采用单独的策略进行优化：

- 工作模式的功耗
- 待机模式的功耗
- 系统唤醒期间的电力损耗

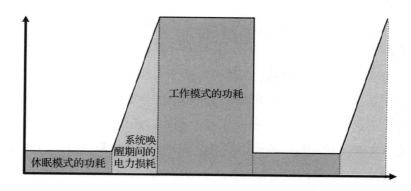

图 6-8　系统的工作、待机和唤醒模式的功耗

系统级功耗优化

针对系统级功耗优化，将从三个方面进行讨论：工作电源管理、空闲电源管理以及连接待机电源管理。

1）**工作电源管理**　工作电源管理是指系统在使用时对功耗的管理。关于 APM 需要了解的主要事情是，即使系统在使用中，也只有少数子系统在工作。因此，其他系统组件可以被关闭。为此，该系统考虑了用例的设计，这样，当系统在以特定的方式使用时，只有这个用例所需的资源是活动的，其余资源可以被限制功耗以最大限度地节约电力。

2）**空闲电源管理**　空闲电源管理是在系统空闲时用于节省电力的一组策略。现代系统中，系统必须能够在需要时立即恢复正常的全功能状态。这种需求可能来自功能调用，或者用户希望唤醒系统以正常使用。空闲电源管理要求系统处于尽可能少消耗电力的状态。但是，组件必须能够在很短的时间内发挥作用。为此，系统设计人员、硬件 IP 设计人员和操作系统设计人员做了大量工作。

3）连接待机电源管理　现代系统不仅应该在空闲时使用很少的电力，并在需要时恢复工作状态，还有第三个维度需要考虑。也就是说，即使在空闲的时候，系统也与外界相连，并与正在发生的一切保持同步。例如，系统保持股票标签、新闻和社交媒体通知都是最新的，这样当用户打开它时，用户就会发现所有内容都是最新的。此外，系统应该能够向用户通知用户订阅的事件。为此，整个系统被设计成以下方式运行：

- 系统组件（至少是一些）有这样的状态：消耗很少的电力，所有的功能部件都关闭了，但有一部分始终处于开启和连接状态。
- 进入和退出低功率状态的行为是有限的和可预测的。
- 空载：系统组件具有内置的智能，这样它们就可以在不涉及其他系统组件的情况下运行和完成一些基本工作。例如，连接待机平台中的网络设备必须能够协议空载。具体地说，网络设备必须能够空载地址解析协议（ARP）、名称请求（NS）和其他几个特定于 Wi-Fi 的协议。另一个例子是音频回放可以空载，这样在音频回放期间，只有音频控制器在工作，其他所有组件都可以进入低功耗状态（当然，这需要对音频控制器进行设置）。
- 唤醒：系统组件具有在需要时唤醒系统的机制，通常有三种情况：
  - 空载的组件发现了一些需要涉及其他系统组件的事件。
  - 空载的组件需要另一个组件的协助，以执行进一步的指令。
  - 用户通过任何接口（通常是按钮）请求系统启动操作。
- 操作系统和软件设计成每隔一小段时间，系统就会联机进行例行的整理工作，更新相关的标签，然后返回休眠状态。在这种背景下，现代操作系统引入了一个新概念——时间合并，这仅仅意味着重复发生的预订作业是一致的，系统能够在一个唤醒实例中执行所有任务，而不需要把每个任务单独唤醒，因为那样将适得其反。

4）ACPI 状态　为了促进系统级的最佳电源管理，ACPI 为系统、设备、处理器等定义了标准状态。图 6-9 显示了 ACPI 定义的各种状态以及它们之间的转换。

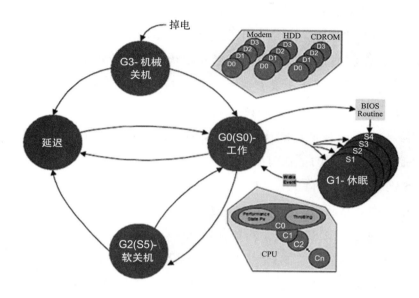

图 6-9　全局系统功耗状态及转换

全局状态和系统状态

ACPI 定义了四种全局状态和六种系统状态。全局状态标记为 G0～G3，系统状态标记为 S0～S5。必须注意的是，即使在一些主板文档中提到了 S6，它也不是 ACPI 定义的状态。无论在哪里提到，S6 都对应于 G3。

ACPI 定义了一种机制来在系统的工作状态（G0）和休眠状态（G1）或软关机状态（G2）之间进行转换。工作状态和休眠状态之间的转换期间，维护用户操作环境的上下文。ACPI 通过定义四种 ACPI 休眠状态（S1、S2、S3 和 S4）的系统属性来定义 G1 休眠状态的质量。每个休眠状态都支持权衡成本、功耗和唤醒延迟。

- G0/S0：在 G0 状态下，操作系统 / 应用软件和硬件正在工作。CPU 或任何特定硬件设备可以处于任何定义的功耗状态（C0～C3 或 D0～D3）。然而，一些工作将在系统中进行。
  - S0：系统处于完全工作状态。

- G1：G1 状态下，假设系统不工作。进入 G1 状态之前，OSPM 将设备置于与待进入的系统休眠状态兼容的设备功耗状态。如果启用设备以唤醒系统，那么 OSPM 将把这些设备置于设备支持唤醒的最低 Dx 状态。

  - S1：S1 状态定义为低唤醒延迟休眠状态。这种状态下，除了 CPU 缓存之外，整个系统上下文将保留。进入 S1 之前，OSPM 将刷新系统缓存。

  - S2：S2 状态定义为低唤醒延迟休眠状态，类似于 S1 的休眠状态，其中除了系统内存之外的任何上下文都可能丢失。此外，在唤醒事件之后，控制从处理器的重置向量开始。

  - S3：通常称为待机、休眠或挂起到 RAM（STR），定义为低唤醒延迟休眠状态。从软件的角度来看，这种状态在功能上与 S2 状态相同。操作上的不同是，在 S2 状态下可能保留的一些电源资源可能对 S3 状态不可用。因此，当系统处于 S3 状态时，有些设备的功率状态可能比系统处于 S2 状态时更低。类似地，有些设备唤醒事件可以在 S2 中运行，但在 S3 中不行。

  - S4：称为休眠或挂起到磁盘，该状态是 ACPI 支持的功率最低、唤醒延迟最长的休眠状态。为了将功耗降到最低，假设硬件平台已经关闭了所有设备的电源。因为这是休眠状态，平台上下文被维护。根据过渡到 S4 休眠状态的方式，维护的责任转换系统上下文在 OSPM 和 BIOS 之间。为了维护上下文，在这种状态下，主内存的所有内容都被保存到非易失性存储（如硬盘驱动器）中，并关闭电源。在恢复时还原 RAM 的内容。所有硬件都处于关闭状态，不维护任何上下文。

- G2/S5：称为软关机。G2/S5 中，所有硬件都处于关闭状态，不维护上下文。OSPM 将平台置于 S5 软关机状态实现逻辑关闭。S5 状态不是休眠状态（G2 状态），OSPM 或硬件不保存上下文，但在这种状态下仍可能向部分平台供电，拆开是不安全的。同样从硬件的角度来看，S4 和 S5 的状态几乎是相同的。当启动时，硬件将系统排序到类似关闭状态。硬件没有责任维护任何系统上下文（内存或 I/O），但是，它支持因按下电源按钮或远程启动而过渡到 S0 状态。

- G3：称为机械关机，G3 与 S5 相同，此外，电源是隔离的。计算机的电源通过机械开关被完全切断，电路中没有电流，所以可以在不损坏硬件的情况下工作。

设备状态

除了全局状态和系统状态外，ACPI 还定义了从 D0 到 D3 的各种设备状态。

- D0：假定此状态是功能和功耗的最高级别。设备是完全工作和响应的，将存储所有相关的上下文。

- D1：D1 设备状态的含义由每个设备类定义。许多设备类可能没有定义 D1。一般情况下，期望 D1 比 D2 节省更少的电量并保留更多的设备上下文。处于 D1 状态的设备可能会导致设备丢失一些上下文。

- D2：D2 设备状态的含义由每个设备类定义。许多设备类可能没有定义 D2。一般来说，D2 比 D1 或 D0 能节省更多的电量，保存更少的设备上下文。处于 D2 状态的设备可能会导致设备丢失一些上下文。

- D3 热：D3 热状态的含义是由每个设备类定义的。D3 热状态下的设备应该是软件可枚举的。一般来说，D3 热状态有望节省更多电量，并可选择保留设备上下文。如果在进入此状态时设备上下文丢失，操作系统软件将在转换到 D0 时重新初始化设备。

- D3 冷：设备已完全断电。当进入此状态时，设备上下文将丢失，因此操作系统软件将在重新启动设备时重新初始化设备。由于设备上下文和电源丢失，处于这种状态的设备不能解码它们的地址行。处于这种状态的设备具有最长的恢复时间。

处理器状态

ACPI 将系统处理器在 G0 工作状态时的功耗状态定义为工作（正在执行）或休眠（未执行）。处理器功耗状态指定为 C0，C1，C2，C3，…，Cn。C0 功耗状态是一种工作功耗状态，CPU 在其中执行指令。C1 到 Cn 功耗状态是处理器休眠状态，它们比 C0 的处理器的状态处理器功耗更小，散发更少的热量。当处于休眠状态时，处理器不执行任何指令。处理器的每个休眠状态都有一个与进入和退出相关联的延迟，该延迟对应于电量节省的级别。一般来说，进入 / 退出延迟时间越长，状态节省的电量就越多。因此，OSPM 将处理器置于它所支持的空闲状态之一。当处于 C0 状态时，ACPI 支持处理器的性能通过定义的"节流"进程和转换为多种性能状态（P 状态）来改变。图 6-10 提供了处理器电源状态图。

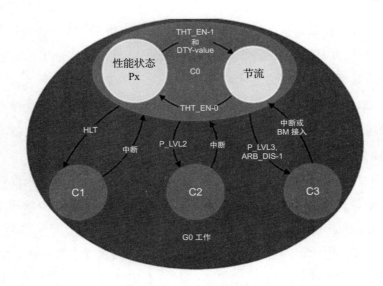

图 6-10　处理器电源状态

从上面的讨论中可以清楚地看出，检测非工作状态并将设备和系统置于低功耗状态（如果可能的话）是电源管理软件的核心。

3. Linux 电源管理

在 Linux 中，电源管理软件管理与设备驱动程序和应用程序相关的状态转换。它在各种各样的软件组件上循环 PM（电源管理）事件（包括备用状态转换和休眠状态转换）。通过这种方式，软件组件可以参与状态转换决策。例如，基于这种情况，各个组件可以否决某些状态转换。

由于大多数设备都具有操作上下文或状态，因此需要在设备进入和退出低功率状态时保存和恢复相同的内容。基于 Linux 电源管理协议，设备驱动程序负责在设备进入低功耗状态前保存设备状态，并在设备激活前恢复设备状态。应用程序通常不直接参与电源管理活动。

电源管理的总体方案相当简单。前面讨论的电源管理系统起到核心作用。所有需要和希望参与系统状态转换活动的驱动程序都向电源管理系统注册。电源管理系统维护包含所有注册驱动程序的列表。在注册时，驱动程序还为状态转换事件提供回调函数。电源管理系统知道系统状态转换，并调用所有参与（或者已注册的）驱动程序的回调函数。回调函数负责处理基于状态转换的事件类型，并返回一个整数值：返回值为 0 表示报告的驱动程序同意状态转换的事件；非零的返回值表明设备驱动程序不同意状态转换请求。非零返回值会导致电源管理系统中止状态转换流程。

回调函数是按可预测的顺序调用的。根据实现，最后注册的驱动程序首先被调用。图 6-11 更直观地说明了此流程。在这个例子中，有三个驱动程序：A、B和 C。开始时，它们都处于运行 / 工作状态，如图所示。

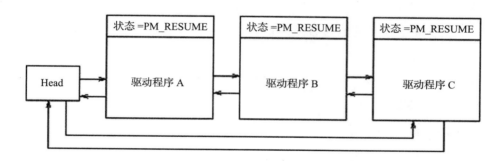

图 6-11　系统在运行状态

现在，假设系统想要转换到待机状态。为了实现这一点，PM 系统向所有三个驱动程序都发送待机请求，假设所有三个驱动程序都同意转换，系统状态现在看起来像图 6-12，其中设备已进入待机状态。

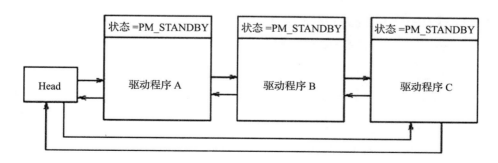

图 6-12　系统在待机状态

当驱动程序卸载（比如删除）设备时，驱动程序可以召唤（call upon）PM 系统并表明，它对 PM 事件不感兴趣，想注销。正如预期的那样，一旦驱动程序从 PM 系统中取消注册，PM 系统将不会（在状态转换上）打扰该驱动程序。

从系统电源管理的角度来看有两种模型 / 协议 / 规格：APM 和 ACPI。与 ACPI 相比，APM 相当陈旧。ACPI 是大多数系统遵循的规范。然而，APM 也在 Linux 上受到支持。但是，为了启用对 APM 的支持，需要使用 CONFIG_APM=y 进行编译。另外，需要告诉引导装载程序使用 APM 而不是 ACPI。APM 和 ACPI 是互斥的，我们需要适当地告诉引导装载程序。

驱动程序是为设备编写的，一般来说，它适用于所有平台的设备。这意味着，驱动程序不应该假设任何特定的系统 / 平台设计，也不应该硬编码任何会在不同的平台 / 系统设计中改变的值。然而，驱动程序可能需要一些依赖于平台设计的参数。驱动程序可能需要这些信息来使设备发挥作用或进行电源管理转换等。

问题是，我们应该采用什么机制来将这些特定的参数传递给驱动程序呢？这个问题的答案还是 ACPI。作为规范的一部分，ACPI 通过 ACPI 表为驱动程序和 ACPI BIOS 之间的通信提供了一种机制。ACPI BIOS 创建并向操作系统公开各种表。驱动程序在运行时使用这些表。这些 ACPI 表可以包含也确实包含数据 / 值和方法。因为这些方法（BIOS）是针对特定平台编写 / 开发的，所以它们知道特定于平台设计的细节。因此，这些方法可以在调用时执行特定于平台的作业。这些方法对于电源管理活动特别有用，比如打开 / 关闭特定的电轨。

这些 ACPI 方法被编译成 AML（ACPI 机器语言）并被内置在操作系统中的 AMLI 解释（当调用时）。除了向 OS 提供原始表的机制外，ACPI 规范还非常详细地定义了设备功耗状态转换和管理。为了支持电源管理流程，定义了一些用于预定义目标的特定方法。这些预定义的方法由 ACPI 驱动程序在特定的事件中调用，其中一些关键方法总结如下（本清单不应详尽无遗，但仅供说明之用）：

1）_PRx：_PRx（其中 x 可以是 0、1、2 或 3，分别对应于支持的每个设备状态）方法指定设备在状态 Dx 中运行所需的电源资源。操作系统中的 ACPI 框架需要确保当设备转换到 Dx 时，同样的电源资源是打开的。_PRx 方法在特定设备节点范围中定义，并应用于该特定设备。

2）_PSx：当设备转换到状态 Dx 时，将调用 _PSx（其中 x 可以是 0、1、2 或 3，对应于每个支持的设备状态）方法。_PSx 用于在这些转换期间执行任何特定于平台的操作。与 _PRx 类似，_PSx 方法在特定的设备节点范围内定义并应用于该特定设备。

3）_SxW：在给定的平台上，支持唤醒功能的设备状态和响应唤醒事件的系统状态之间有一个特定的映射。ACPI 定义 _SxW（其中 x 可以是 0、1、2 或 3，对应于每个支持的设备状态）对象，以向操作系统提供此信息。每个支持的系统功耗状态 Sx 都有一个 SxW 对象。

4）_CRS：_CRS 用于描述设备的资源。与 _PRx 类似，_CRS 方法在特定的设备节点范围中定义并应用于该特定设备。

5）_DSW：ACPI 将 _DSW 对象定义为操作系统通知 ACPI 平台固件下一个休眠或低功耗空闲期的一种方式。

6）_PRW：_PRW 用于指定为唤醒启用设备可能需要的任何额外电源资源。_PRW 还用于定义传统 PC 平台的唤醒能力。

与 _PRx 类似，_PRW 方法在特定设备节点范围中定义并应用于该特定设备。

ACPI 代码需要提供这些由 ACPI 框架使用的回调函数。代码是基于平台设计的。该机制支持将特定于平台的操作与那些跟平台无关、特定于设备的操作分离开来。这使得设备驱动程序能够专注于跟平台无关的操作 / 流程，并依赖于 ACPI 回调函数来执行特定于平台的操作，比如打开 / 关闭特定的电源资源等。

6.3.2　实时系统

无人机系统是一个实时系统，这意味着它必须在规定的最大时间阈值内处理和响应事件，以避免系统故障。实时系统在资源和时间限制下运行。为了设计稳固的实时系统，比如无人机系统，我们需要在硬件和软件中做出具体的设计选择。下面将讨论实时系统的硬件和软件方面的考虑事项。

1. 硬件

在简单的系统中，控制逻辑易于设计。可以有一个简单的循环来检查需要服务的事件并执行必要的操作。然而，随着系统复杂性的增长（具有多个功能、事件和优先级），控制系统的复杂性也会相应增长。

随着控制系统越来越复杂，用简单的控制程序来管理单片机的各种函数变得越来越困难。对于具有不同优先级的多个事件，单个控制循环无法足够快地到达每个函数。而且，对于实时系统，所有事件都需要在其所需的响应时间内提供服务。

定时器

为了满足这一需求，需要一种实时控制方法，以确保在规定／要求的响应时间内为事件提供服务。提高实时响应的一个选择是使用实时操作系统或 RTOS。在这种方法中，控制系统中的每个任务都可以被分配一个 CPU 处理周期的时间片。如果特定的函数目前不需要分配的时间，它可以把时间"移交"给另一个函数，这样不会丢失宝贵的处理周期。现代 CPU 经过了优化，使得实现 RTOS 实现变得很容易。其中一个关键特性包含了用于确定处理分配的专用计时器，这使得为函数／任务分配时间片变得很容易。

高级的中断控制器

因为基于 RTOS 的系统需要快速高效地响应实时事件，优化中断处理时间就变得很重要。这是因为，如果中断的响应周期太长，实时响应就会受到影响。此外，如果设备中断由于中断控制器上可用的中断行／向量数较少而被多路复用，软件将不得不花费大量时间试图找出中断的来源（通过将所有被多路复用的设备读入一行）。因此，系统需要高级的中断控制器来优化中断处理时间。

上下文切换

从一个任务／函数切换到另一个任务／函数时，有很多东西需要更改：寄存器、内存等。MCU 为更快的上下文切换提供硬件支持，并使其更容易获得可预测的响应时间。

内存

为了满足响应时间的要求，保证所需的数据和代码对 MCU 的操作可用性至关重要。即使是可纠正的错误（如页面错误）也可能增加不可预测的延迟，这是实时系统所不能容忍的。事实上，虚拟内存系统是造成响应时间不可预测性的关键因素之一。

数据处理吞吐量

相关的处理单元 /DSP 应能支持系统的计算 / 处理需求。

优先级

实时系统中的最高优先级的任务应该总是先运行（如果一个更高优先级的任务进来应该能够抢占当前运行的进程），需要有一种机制来将优先级分配给任务，基于优先级抢占任务，并把上下文切换到新任务。

为我们的参考无人机设计选择的 SoC 支持上述硬件特性，因此适合像无人机一样的实时系统设计。

2. 软件考虑事项

除了具体硬件方面的考虑之外，软件设计过程中还需要考虑一些因素。必须指出，软件方面的考虑是为了同一个目的或需要：设计能响应并在规定的时间内完成这项工作的可靠实时系统。

中断处理

讨论硬件考虑的主题时，优化的中断处理对于实现实时性能要求是必不可少的。因为系统中经常出现多个中断，所以需要对其进行优先级排序。换句话说，最重要的任务必须在预定义的时间限制内得到服务，而不管其他事件。

另外，中断延迟的最大贡献是由于不可重入或关键处理路径，这些路径必须在实际处理中断之前完成。

实时操作系统

可供选择的操作系统太多了，大多数时候都没有明确的选择。我们需要权衡其能力和其他功能。在较高的层次上，目前有两类用于实时工作的操作系统：专门为实时应用程序设计的专用 RTOS 和经过增强以提供实时能力的通用操作系统。实时执行器的使用使得通用操作系统的实时性能变得可行。

实时语言

为了提高软件系统的实时性能，使用专门设计的实时语言是有帮助的。Ada、HAL/S 和 CHILL 都是一些实时语言。即使有可能使用 C 或 Java 这样的通用语言，但由于实时系统对性能和可靠性的特殊要求，编程语言的选择很重要。然而，许多通用编程语言（如 C、FORTRAN、Modula-2）也可以有效地用于实时应用程序。

任务同步和通信

在多任务系统中，需要不同的任务来传递信息。还需要跨任务的同步机制。在实时系统中，信号量通常用于实现和管理用于同步的邮箱。

6.4 系统软件集成和启动

前几节讨论了如何开发和/或采购无人机软件系统设计所需的软件组件。一旦这些组件可用，就需要将它们集成到系统中。下面将讨论由这些组件创建一个系统所必须遵循的步骤。

6.4.1 系统启动

建立系统的第一步是建立基础系统。启动核心系统意味着组装硬件、应用固件来引导系统、安装操作系统和启用系统接口。我们需要按照循序渐进的程序来启动这个系统。

1. 系统固件

正如所想象的，第一步是按照前面的规定组装硬件。硬件组装后，下一步是取得系统固件。系统固件需要被刷入 SPI NOR 中（根据我们的设计选择）。系统固件由 SoC 供应商提供，它可能有多个子组件，取决于 SoC 设计/供应商。SoC 供应商提供了用于刷新系统固件的工具和机制。

系统固件负责系统初始化。请注意，系统固件有两类组件：第一类与 SoC 相关，另一类与平台其他部分相关。与 SoC 相关的部分负责初始化 SoC 组件和接口，与平台相关的组件负责初始化和设置基板上的其他组件。

系统固件中的平台相关组件作为参考来自 SoC 供应商（基于参考平台，SoC 供应商将创建它用于内部使用和验证）。我们需要在平台设计和组件的基础上做出改变。

一旦系统固件被刷入并且系统被激活，系统将能够引导到内置的迷你操作系统（EFI shell）。由于还没有安装其他操作系统，BIOS 启动过程将启动 EFI shell 并停在那里。下一步是安装 RTLinux（前面选择的操作系统）。

2. OS（RTLinux）

众所周知，RTLinux 实际上是标准 Linux 内核上的补丁。RTLinux 直接与硬件通信，并充当硬件到 Linux 内核的代理。为了安装 RTLinux，第一步是为特定的 Linux 内核版本编译 RTLinux 补丁。

应该注意的是，RTLinux 版本和 Linux 内核版本是不同的。对于我们的实例，将使用 RTLinux 3.1。Linux 内核 2.4.4 的内核补丁名为 kernel_patch-2.4。请注意，RTLinux 内核补丁也有适用于其他内核版本的：例如，kernel_patch-2.2.19 适用于内核 2.2.19。

内核和相应的 RTLinux 补丁需要下载和打补丁。为 Linux 打补丁的过程与向内核应用任何其他补丁的过程相同。打补丁过程完成后，需要构建和安装内核和模块。安装之后，我们重新启动系统，然后配置并启用 RTLinux。一旦安装了 Linux/RTLinux，系统固件启动过程将启动这个新的操作系统。

3. 驱动程序 / 模块

RTLinux（Linux）环境中，硬件驱动程序被开发为模块，并被编译和安装。当前环境中，大多数设备的驱动程序已经是主流内核代码的一部分。请注意，尽管驱动程序可能是同一源库的一部分，但它们本身可能不是内核的一部分。同时，一旦模块被加载，它们就成为内核本身的一部分。这些模块使用 insmod 命令加载，并使用 rmmod 命令将其从内核中删除。开发模块时，还没有库被链接到模块 / 内核，因此不应该包括任何标准头文件或使用任何来自标准库的函数。

图 6-13 显示了 Linux 模块的加载和卸载过程。insmod 命令调用模块的 init 函数，rmmod 调用模块的 cleanup 函数。模块开发人员负责提供这两个函数。

在这个典型的场景中，组件供应商为客户提供驱动程序 / 模块。对于设计，我们也从各自的供应商购买驱动程序组件。一般来说，系统上有两种类型的组件。

1）有些控制器是我们选择的 SoC 的一部分。例如，示例 SoC 的内部框图可能类似于图 6-14 所示。

正如你所看到的，SoC 上有许多控制器，如 I2C、SPI、USB、UART、PCIe、音频、图形和摄像头 / 成像控制器。在这种情况下，这些控制器（在 SoC 中）的驱动程序由 SoC 供应商提供，除非它们在默认情况下已经是 OS 的一部分。

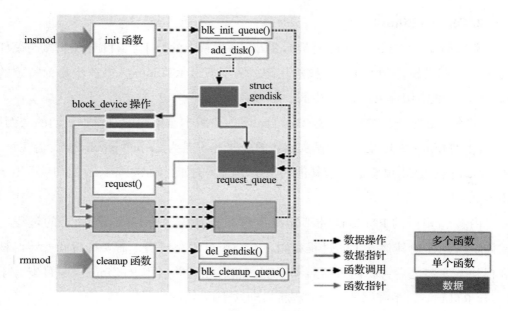

图 6-13　Linux 模块的加载过程

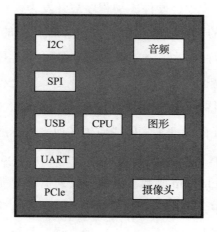

图 6-14　示例 SoC 框图

2）第二类是那些是位于电路板上作为分立的组件和连接到 SoC 上的控制器。摄像头、传感器和 Wi-Fi+BT 模块都属于此类。这些组件由不同的供应商提供，驱动程序也由各自的供应商提供，除非它们已经是操作系统的一部分。做出组件 / 设计选择时，需要调查组件的驱动程序（针对所选的特定操作系统）是否由各自的供应商提供。如果供应商没有提供驱动程序，需要参考设备/组件规范自己开发驱动程序。考虑到在选择组件时有如此多的供应商和大量的选择，几乎没有理由选择没有所选择的操作系统驱动程序的组件。可能会有一个遥远的情况，我们绝对需要选择驱动程序不可用的组件，必须自己开发驱动程序。但是，最好避免这种情况，因为为重要组件开发驱动程序所需的时间、精力和资源是非常巨大的。

既然已经为系统上的组件提供了驱动程序，那么我们必须加载驱动程序以使它们开始运行。驱动程序被编写为 Linux 可加载模块，用 insmod 命令进行加载，要移除或卸载驱动程序，需要使用 rmmod。一旦这些驱动程序加载并开始操作，就可以进入应用层了。应用层使用这些驱动程序与硬件交互。

4. 程序库/中间层和应用程序

如前所述，应用层负责通过支持预期的使用方式使系统活起来。程序库通过提供常用的函数、API 和框架，使应用程序开发更加容易。就定型活动而言，程序库和应用程序或多或少是一样的。两者都是用户模式组件。如上所述，我们需要的程序库（OpenCV 和 GStreamer）可以从 Web 下载并安装，需要购买应用程序软件（自产或由任何一家无人机软件提供商提供），安装并开始使用。还需要远程控制和监控软件，它在远程运行，并通过网络/互联网协议连接到无人机系统。应用软件可以像其他标准应用软件一样被开发和安装。

6.4.2　验证、确认和维护

一旦把所有的软件组件都放在一起，需要确保各个组件作为一个整体来满足需求。需求有不同的方面，比如功能、性能、稳定性、可靠性和安全性。验证和确认步骤确保系统满足所有这些不同的需求。

验证和确认是相关但略有不同的实践。验证是评估软件以确定给定开发阶段的产品是否满足该阶段开始时所施加条件的过程。验证是验证文档、设计和代码的静态实践。评审、检查和"遍历"是执行验证的一些机制。另一个需要注意的关键点是，验证可以确定软件是否具有高质量，然而，这并不能确保系统在功能上是好的。

另外，确认是在开发结束时对产品进行评估，以确定其是否满足特定需求的过程。它是一个动态的过程，通过各种测试和最终用户试验来完成。各种类型的测试基于不同的参数进行分类：机制、方法和级别。以下将快速研究各种类型和方法，并决定什么样的测试和方法适用于我们的系统。

1. 基于机制

根据采用的测试机制，测试可以分为以下几类：

- **手动测试**：手动进行。手工测试需要大量的人员和资源，因此覆盖率有限。
- **自动化测试**：自动化测试使用软件和工具来测试系统。有些软件和工具是为进行特定类型的测试而开发的，因此可能需要使用许多不同的工具来涵盖测试的所有方面。

2. 基于方法

基于测试中采取的方法，测试可以分为以下几类：

- **黑盒测试**：在黑盒测试中，在不了解且/或不关心内部实现的情况下定义、设计和执行测试。它只依赖于所提供的输入和预期的输出。
- **白盒测试**：在白盒测试中，测试人员了解内部实现，测试用例和输入由测试人员选择，牢记内部实现。
- **灰盒测试**：顾名思义，灰盒测试是黑盒测试和白盒测试的组合。在这种情况下，测试人员对实现有一定的了解（至少是高层次的交互），但是不知道所有低层实现的细节，测试用例的定义也会据此相应进行。

3. 基于测试层次

- **功能测试**：作为功能测试的一部分，根据功能需求对系统进行测试。有不同级别的功能测试：
  - **单元测试**：单元测试期间，源代码中像函数和类这样的单个单元是单独测试的。
  - **集成测试**：集成测试过程中，将多个模块组合在一起，作为一个组进行测试。
  - **冒烟和可用性测试**：作为冒烟测试的一部分，在构建/集成之后执行一些测试集，以确定软件系统的关键功能是否正常工作。执行可用性测试，牢记重点关注特定的修复/更改。其目的是确定修复是否合理，以便进行进一步的测试。

- **系统测试**：系统测试中，测试发生在系统级别（与预期的系统功能有关），以确保系统符合指定的系统需求。

- **回归测试**：回归测试确保对软件的更改不会（以一种对系统产生负面影响的方式）破坏现有的功能。

- **用户验收测试（UAT）**：执行 UAT 以确保系统满足规定的最终使用需求。UAT 有两个阶段：在开发人员端进行 alpha 测试，而在最终用户 / 消费者端进行 beta 测试。UAT 也称为终端用户测试（EUT）或验收测试（AT）。

- **端到端测试**：执行端到端测试以执行应用程序 / 软件系统的完整流程。它通常在系统测试之后完成，并在真实的场景和环境中进行。

- **非功能测试**：执行许多非功能测试，以确保系统的各个方面。一些关键的非功能测试类别总结如下：

- **性能测试**：进行性能测试是为了确保软件 / 系统在速度、可扩展性、稳定性和可靠性方面的性能需求得到满足。

- **负载测试**：执行负载测试以检查系统在正常和预期的峰值负载情况下的行为。

- **压力测试**：执行压力测试是为了检查超过预期峰值负载情况下的系统行为（以及系统可以处理什么）。这是通过在系统上驱动异常高的负载来实现的。

- **安全测试**：执行安全测试以确保系统是安全的，不受像 SQL 注入、DoS、身份欺骗、跨站点脚本（XSS）等攻击影响。有一些工具可以静态地分析软件并识别潜在的安全问题。

现在回到我们的无人机系统软件，采用手动和自动测试。我们对不同的组件 / 区域应用不同的覆盖率：对于来自第三方（外部）的组件应用黑盒测试，而对于内部开发的组件，我们混合采用灰盒测试和白盒测试。就功能测试而言，所有阶段都是为内部开发的软件组件执行的，而对于从外部来源（第三方）获取的组件，我们从集成测试开始，一直到端到端测试。安全性测试是不可或缺的一部分，也是总体验证中最重要的方面之一。

维护是为了确保软件的关键需求得到满足，进行 bug 修复和关键功能升级，以保持系统运行。就我们而言，我们不打算升级无人机软件的新功能，然而，如果发现了任何严重的错误，就需要修复它们。

6.5　小结

本章主要讨论了无人机软件的设计与开发。我们讨论了软件开发生命周期、软件栈和无人机软件设计注意事项，接着讨论了系统定型、验证和维护。具体的部件和功能将取决于无人机的用途和设计。不过，任何无人机软件设计的总体流程都是类似的。

第 7 章
无人机产品认证

产品认证或产品资质是指电子产品通过性能测试和质量保证测试，符合合同、法规和规格规定资质标准的认证过程。

从一开始，产品就必须遵守某些规定，决定产品可以由什么物质和材料组成、以什么浓度甚至在哪里和如何生产产品。

制定这些条例是为了保护公众和环境免受有毒物质的伤害，努力保护工厂和矿场中工人的利益。一般公众可能没有意识到企业在确保产品安全和维护道德供应链方面有多么努力，一些专业人士也不完全了解这些规定实际上有多么全面。

农作物监测无人机也不例外。无人机必须通过通用电子设备法规和其他特定于无人机的法规和认证。

事实上，由于有太多的规定，公司不得不招募整个团队在幕后工作，以确保最终产品符合规定。

每个国家都有自己的认可机构/标准组织和认证标志。认证规范、测试方法和测试频率由标准组织发布。

有许多第三方认证中心或实验室，通常是由产品认证机构认可的。产品制造商可以选择这些中心中的任何一个来为他们的产品获得认证。

7.1 管理认证

在产品法规遵从方面电子行业一直在承受着压力，主要是由于产品设计者和制造商为了将产品投入市场而需要遵守的法规数量在不断增加。

这些认证准许产品及其特性，旨在减少对用户健康的影响，最大限度地减少安全威胁，并保护环境。欧盟在 2016 年有近 500 项现行法律（如 RoHS、REACH 和 WEEE），是每年颁布法规最多的市场区域。美国紧随其后，出台了近 200 项法律（包括 FDA）。2016 年，亚洲、中美洲、南美洲各有近 150 项有效法律。近年来，中美洲、南美洲和亚洲的国家越来越关注电子产品对环境的影响，并通过了更多的环境法案。

所有类型的电子设备（包括无人机）必须遵守下列标准，以获得标记或认证。

7.1.1　安全

电路板、配件和系统（包括电源、底盘和所有内容）应遵守 IEC 等所有适用的安全标准并通过安全测试。测试必须在认可的实验室进行。必须把通过测试报告提供给产品监管工程师进行审核和批准。

无人机是一种机电设备，在投入市场之前必须进行以下所有测试。

电气

电气安全测试对于确保任何用电产品的安全操作标准至关重要。

产品必须通过高压测试、绝缘电阻测试、接地及接地连续性测试、泄漏电流测试等安全测试，才能获得各国不同认证机构的认可。IEC60335、IEC61010 和许多其他国家和国际标准文件描述了这些测试的更多细节。

无人机靠电力运行，所以通过电气安全测试对无人机来说非常重要。

功能

功能安全性对于确保系统不存在直接或间接对人体健康造成伤害或损害的风险至关重要。

与汽车、航空航天和医疗系统不同，目前还没有严格的无人机功能安全标准。随着商用无人机市场的成熟，预计将制定更严格的认证要求。

无人机在商业和工业应用中更为普遍。无人机使用的增加引起了安全方面的担忧，这将使未来的标准更加严格。

更多细节可在 IEC 61508 中找到，这是电气和电子系统的通用功能标准。

机械

必须检查快速移动的桨叶或螺旋桨，以及在何种情况下无人机的机械故障可能会给用户带来的潜在安全风险。同时，无人机也要进行检查，以确保在操作或非操作无人机系统时没有锋利的边缘造成人身伤害。

无人机的所有外部部件都在不断移动。一些无人机可能将锋利的叶片用作螺旋桨，所以机械安全非常重要。

化学

化学安全认证是为了确保用户不会接触到系统中使用的危及生命的化学物质。化学品随处可见，无论它们是天然存在于原材料中，还是为创造特定特性而添加的，都已成为受到严格监管的领域。所有这些化学品都应进行评估和测试，以保护用户免受不必要的伤害。

根据要求，无人机的不同部分使用不同的材料：金属、塑料或纤维。用于机械部件和硬件的化学物质被仔细评估，以确保它们对环境是安全的。

电池

数以百万计的产品，从笔记本电脑到手机、手表和最近的电动 / 混合动力汽车及无人机都包含电池。

随着电池的广泛使用，显然存在一些需要解决的安全问题。如果电池损坏、暴露在高温下（超过 290 华氏度[⊖]）或包装不当，都可能起火。锂离子电池的热失控反应可以超过 1220 华氏度，这是飞机制造中的关键材料——铝的熔点。锂金属电池起火的温度还要高得多。

例如，一架载有数千块锂电池的 UPS 货机在阿联酋迪拜附近坠毁，两名驾驶员丧生。事故仍在调查之中，但初步报告显示，调查人员把他们的注意力集中在电池上，飞机可能因其引起一场火灾。

结果，现在有组织在管理锂和锂电池、电芯的运输，包括国际民用航空组织（ICAO）、国际航空运输协会（IATA）以及国际海上危险品货物规则（IMDG）。美国运输部（DOT）根据《美国联邦法规》第 49 部分和 UN/DOT 38.3 管理国内锂电

⊖ 1 华氏度约为 –17.222 摄氏度。——编辑注

池和锂离子电池的运输。

为正确解决安全问题并降低故障率，制定了新的标准。电池产品被批准发货之前，必须完成对 IEC62133 新标准方法要求的检测，美国发货必须按照 UN 38.3 进行检测。

该标准规定了便携式、密封次级电芯和电池的安全操作要求和试验。电芯和电池的设计和制造必须确保它们在预期使用和合理可预见的误用情况下是安全的。

7.1.2 发射

发射测试是电磁兼容（EMC）法规的一部分，适用于包括无人机在内的任何电子设备。发射测试的目的是保护无线电频谱，使无线电服务能够运作，并确保电干扰减至最低。

全世界大多数 EMC 标准都是基于 CISPR（国际无线电干扰特别委员会）标准。正如名称所示，CISPR 是 IEC（国际电工委员会）的一个特别委员会，其职责是为各种类型的产品准备和发布标准，例如无线电服务的保护。

所有 EMC 标准都起源于 CISPR 标准，不论其实际名称如何。例如，FCC 15 和 18 部分（USA），是从 CISPR 16、11 和 22 衍生出来的。

辐射（Radiated）

辐射测试包括测量电子产品或无人机无意中产生辐射的电磁场强度。辐射是任何数字电路中的开关电压和电流的固有特性。辐射测试的目的是确保辐射水平在规定的可接受水平之内。

传导

传导发射是沿着电力或信号导体传播的内部电磁发射，它会产生噪声。噪声随后被传送到设备上。这种测试方法用于测量电力引线和天线终端上的传导发射。

7.1.3 免疫

免疫测试只是把一些电磁现象应用到无人机的产品上。它与发射检测相反。

它不是测量产品发出的辐射，而是测试产品对无线电波的易感程度。

辐射

辐射场敏感性测试通常涉及高功率射频或电磁脉冲能量源和辐射天线，以将能量指向潜在受害者或被测试设备（无人机）。在存在通过自由空间传播的外部干扰信号的情况下，检查无人机的性能和操作。

传导

该方法用于确定设备是否易受外部电磁能量注入其电源引线、天线端口和互连电缆的影响。电压和电流进行敏感性测试通常包括一个大功率信号或脉冲发生器和电流钳或其他类型的变压器注入测试信号。执行传导易感测试，以确定存在通过导线的外部干扰信号传播的情况下，无人机的性能。这种干扰通常发生在电源或电池端子上。

瞬态免疫也测试了电力线干扰，包括浪涌、雷击和开关噪声。在机动车辆或无人机中，该测试也在电池端子上进行。这暗示了免疫应按照标准的允许限值进行测试。

静电放电

静电放电（ESD）是由接触、短路或介电击穿引起的两个带电物体之间的突然电流。静电的积聚可由涡轮增压或静电感应引起。电子设备需要进行 ESD 测试，以防止设备在运行、静电或包装运输过程中损坏。

静电放电测试通常使用称为"ESD 手枪"的压电火花发生器。更高的能量脉冲（如闪电或核 EMP 模拟）可能需要大电流钳或大天线，以完全包围无人机。有些天线太大了，所以安装在室外，必须小心不要对周围环境造成电磁脉冲危害。

电快速瞬态放电

电快速瞬态放电（EFT）免疫测试是对现实世界中感应负载切换的一种尝试。可感知地影响产品的感应负载切换的一些例子是，捆绑电缆可以容性耦合来自其他电缆、电机、继电器的开关负载并在附近切换开关形成的干扰。这些免疫测试是在通过交流适配器给无人机充电的同时进行的。该测试证明，无人机的功能不受电源输入的任何快速变化的电压的影响。

7.2　环境认证

环境认证对所有电子设备进行环境测试认证，以确保它们符合法规标准规定的某些操作条件。这适用于无人机。

大多数认证服务都有一个标识，可以应用于根据其标准认证的产品。这被视为企业社会责任的一种形式，支持企业通过自愿遵循一套外部设定和衡量的目标来履行其义务，尽量减少对环境的有害影响。

产品设计师必须选择遵守特定的标准，并在认证公司的帮助下验证这些标准。为产品选择的所有组件都必须符合这些标准和准则。

7.2.1　温度

每个部件制造商都有自己的操作温度等级，因此设计人员必须密切关注实际的数据表规格。最常见的温度等级是：

- 商业用：0～70℃
- 工业用：–40～85℃
- 军用：–55～125℃

环境测试和验证分两个阶段进行。首先，没有外壳的电路板被保存在热室内，处于工作状态。根据标准中规定的温度变化曲线，箱体温度在 –40℃、25℃（环境温度）和 85℃ 之间变化。通常温度变化率不应超过 2℃。同样的程序被重复用于外壳即无人机内的电路板。如果无人机在该标准规定的温度范围内工作没有任何问题，则通过验证。

无人机系统还应满足储存温度范围。无人机系统被关在舱内，无法操作。无人机可在扩展的温度范围下储存数日，通常用于工业用途，温度为 –40℃ 至 125℃。几天后，将设备在该环境温度下开机。如果设备没有任何故障，它就符合工业储存温度的规定。

7.2.2　湿度

长期暴露在潮湿环境下会对电子产品造成严重损害。无人机必须通过湿度要求，可以在湿度室进行测试。在大多数情况下，湿度测试与温度会和海拔高度测试相结合，以匹配真实环境。无人机必须在10%～90%的相对湿度范围内操作，这是任何电子产品最常见的标准。

7.2.3　海拔高度

高空模拟测试可以检查经常在高空条件下操作、安装、存储或运输产品的完整性和耐久性。类似于湿度，海拔高度通常结合压力进行测试。系统在不同的高度和压力条件下进行验证和认证。

只要在用户的可视范围内，商用无人机就可以飞行。不同的国家对飞行无人机都有严格规定。所有用于商业和工业的无人机都是低空无人机。无人机在海拔400米以上飞行必须获得监管机构的特别许可。

除了操作高度，储存高度也需要测试。这验证了无人机可以在更高的高度进行包装和运输。

7.2.4　跌落、冲击、振动

机械测试包括跌落测试、冲击测试和振动测试。最常见的测试有六轴振动（正弦或随机）、跌落冲击（半正弦或随机）、跌落在地板上（有或没有包装）。这确认无人机符合特定标准并保证了无人机的耐用性、稳固性和性能。

一般来说，需求准则如下：

- **带包装冲击（跌落）**：如果包装重量 <20磅[⊖]，从36英寸（20～40磅则为30英寸）的高度，从6个面、2个角、3条边跌落，共11次。
- **带包装振动**：$0.015g^2/Hz$，从5Hz到40Hz，500Hz时倾斜到 $0.000\ 15g^2/Hz$（下坡），输入加速度为 1.09 gRMS[⊖]，3个方向各1小时，随机控制极限公差为 ±3 dB。

7.2.5　可靠性

根据一项新的研究，在所有故障的原因中电子设备故障占25%，其余故障归

⊖　1磅 =0.453 592 37 千克。——编辑注
⊖　gRMS 指总均方根加速度。——编辑注

因于天气和驾驶员的失误。通过改进飞行控制软件，无人机系统提供了针对人为导致故障的增强保护，并增强了性能。这些系统也有多个传感器来检测和预测性能恶化或故障。然而，对成本敏感的中小型企业喜欢的一些精简和低成本商业系统可能没有相同水平的冗余来提供故障保护操作。随着控制软件的改进以及冗余度较低的中低端系统与高端冗余系统之间的平衡变化，系统性能更加依赖于每个电子元件的可靠性，这在很大程度上是由于无人机系统中电子设备的相对复杂性。

7.3　服务和支持

ODM 应该包括手册和授权的服务中心合作伙伴，以提供支持。这将帮助用户彻底检查无人机，确定存在的问题以及解决它的步骤。用户应该能够自己解决任何小的修复问题，或者应该能够在授权技术团队的帮助下估算修复成本和所需的部件。当地的服务中心应该能够解决任何类型的无人机问题。

7.3.1　试运行

试验测试提供了在产品发布前识别系统级 bug 的机会。它还有助于对最终系统进行微调。

从设计人员、测试工程师和试点发行版的客户确定有限数量的用户。输入来自用户，用于微调系统。经授权的服务中心对试点产品进行必要的服务和维修培训。

7.3.2　设备软件升级

无人机最终产品提供了一种简单的机制，用户或服务人员可以通过笔记本电脑、PC 或直接通过无线网络进行设备软件升级。

7.3.3　技术服务

最终产品附有技术用户手册，使用户或服务人员可以方便地配置设备。用户手册中应包括刚从盒子中取出的全新无人机组件（螺旋桨和起落架等分立部件作为单独部件运输时，还需要组装）的使用说明，以及如何更换损坏的无人机部件的说明。随附的技术服务手册可以是印刷的，也可以是电子副本或网站链接。

7.4　产品生态

产品通过产品生态工程师或科学家的认证。生态工程师与设计师密切合作，以确保元器件、加工和制造符合全球环境标准。由元器件、PCB、产品生产厂家提供检测报告及相应凭证，供生态工程师审核。

7.4.1　违禁物质

电子 BOM、系统 BOM 或制造、装配等流程中的任何组件不应包含以下列出的任何违禁物质。大多数供应商数据表和设备担保书都规定了有害物质的限制和依从性。如果没有提及，必须根据供应商的要求提供该文件。

ID 物质 / 可报告申请 / 报告阈值：

- 石棉 / 全部 / 有意添加
- 氟化温室气体（PFC, SF6, HFC）/ 全部 / 有意添加
- 汞 / 汞化合物 / 所有，电池除外 / 有意添加或在均质材料中占汞总量的 0.1%
- 消耗臭氧物质（CFC、卤化烃、HBFC、HCFC 等）/ 全部 / 有意添加
- 全氟辛烷磺酸（PFOS）/ 全部 / 有意添加或在材料中添加质量的 0.1%
- 2-（2H- 苯并三氮唑 -2- 基）-4,6- 双（1,1- 二甲基乙基）苯酚（CAS 号 3846-71-7）/ 全部 / 有意添加
- 多溴联苯（PBB）/ 全部 / 在均质材料中添加质量的 0.1%
- 多溴二苯醚（PBDE）/ 全部 / 在均质材料中添加质量的 0.1%
- 多氯联苯（PCB）和特定替代品 / 全部 / 有意添加
- 多氯联苯（PCT）/ 全部 / 在材料中添加质量的 0.005%
- 多氯萘（PCN）/ 全部 / 有意添加
- 放射性物质 / 全部 / 有意添加
- 短链氯化石蜡（C10-C13）/ 全部 / 质量的 0.1%
- 三丁基氧化锡（TBTO）(CAS 号 56-35-9）/ 全部 / 有意添加或质量的 0.1%

7.4.2　RoHS

RoHS（Restriction of Hazardous Substances Directive，限制有害物质指令）限

制使用十种有害物质生产的各种类型电子和电气设备的指令。最初包含 6 种有害物质，2015 年新增了 4 种。设计者必须确保产品没有这些有害物质。

RoHS 限制使用以下 10 种物质：

- 铅（Pb）
- 汞（Hg）
- 镉（Cd）
- 六价铬（Cr6+）
- 多溴联苯（PBB）
- 多溴二苯醚（PBDE）
- 邻苯二甲酸二酯（DEHP）
- 邻苯二甲酸丁基苄酯（BBP）
- 邻苯二甲酸二丁酯（DBP）
- 邻苯二甲酸二异丁基酯（DIBP）

7.4.3 欧盟 REACH

产品制造商需要建立并维持一个健全的业务流程，以跟踪 ECHA 网站上公布的欧盟化学品登记、评估和授权（REACH）候选清单中的高度关注物质（SVHC），并确定新的报告义务。

设备必须符合 REACH 法规 EU NO 1907/2006 和最新 REACH SVHC 清单。在提供给实际产品所有者或设计者的物品中，欧盟 REACH SHVC 超过报告阈值的，要根据候选清单上列出的 SHVC 列出设备中物质的安全使用说明和位置。

制造商还必须提供测试报告的标准，如 IEC 62474、IPC 1752 5/6 类或负面声明，证明电缆、电源线和电源适配器的符合性。

如果经产品生态工程师批准或放弃，负面 REACH 声明是可以接受的。

7.4.4 加利福尼亚州 65 号提案

加利福尼亚州 65 号提案保护公众不受可能导致癌症和出生缺陷的有毒物质的影响，减少或消除对这些化学物质的接触，比如在消费产品中，要求在接触之前发出警告。

如果设备包含电缆、电源线或电源适配器，所有这些都应符合加利福尼亚州 65 号提案的要求。制造商必须提供符合要求的文件或测试报告。如果加利福尼亚州 65 号提案中的物质超过报告的阈值或有意添加，设备必须贴上适当的警告标签。如果物质阈值超过报告水平，制造商必须说明化学品名称、位置和浓度。

7.4.5　WEEE

WEEE 指令为所有类型的电子产品设定了收集、回收和回收目标，最低回收量为每人 4 公斤，于 2009 年前回收再造。RoHS 指令集限制在欧洲制造商投放在市场的新电子设备的材料内容。

所有设备都必须符合 WEEE（废旧电子电器设备）指令 EN 50419。WEEE 标识必须贴在主板或系统上。

7.4.6　ISO

所有的制造商都必须通过 ISO9001 认证，并且必须有一个危险物质计划管理计划。

7.5　产品认证中心

由于认证设备相当昂贵，而且制造无人机是一项非常专业的技能，所以制造商使用产品认证中心的服务。产品认证中心提供全方位的测试和认证服务，包括预评估、差异分析、批量测试和完全符合测试。认证中心专门从事这项工作，并为各种不同的制造商提供服务。

7.6　设备成本

当把一种新的实体产品推向市场时，成本是非常重要的。对于那些将无人机等复杂产品推向市场的人来说，挑战就更大了。BOM 成本计算从架构阶段开始。

除了 BOM 成本，其他成本如制造成本和生命周期成本也增加到最终产品成本。

成本随着产品设计周期的变化而变化。概念验证、原型 / 试验和实际产品的成本是不同的。

7.6.1　生产成本

生产成本影响最终产品成本。最终单个产品成本是由总批量产品成本以及非经常性工程和制造成本决定的。

生产成本是指用于制造产品的直接材料、直接人工和制造费用。生产成本也被称为制造成本、产品成本、制造商的存货成本，或发生在工厂的成本。

7.6.2　配件成本

许多产品提供可选配件，由用户分别为产品购买。一些无人机被设计成可以与第三方配件或组件一起使用。

7.7　无人机规则

驾驶无人机之前，用户需要了解放飞地区为驾驶无人机制定的规章制度。用户还应了解有关规定和无人机周围人员的权利。

无人机产品必须包含规则或文档，以便用户能够了解和遵守相关规则。

7.7.1　规则

驾驶无人机的基本规则如下：离地面 400 英尺以下飞行；将无人机保持在视线范围内；切勿在政府指定的禁飞区内飞行；千万不要飞过人群拥挤的地方；千万不要在（电磁）感应下飞行；千万不要在像火灾这样的紧急情况下飞行。

7.7.2　无人机登记

如果用于商业用途和户外用途，必须对无人机和驾驶员进行登记。然而，非商业、室内使用不需要登记无人机或驾驶员。体积很小，重量不到 8.8 盎司（250克）的玩具无人机不需要登记。所有其他的无人机需要登记才能在户外使用。

7.8　小结

获得必要的认证是工业无人机的设计过程，以及无人机产品正式准备运往零售商店或直接客户的最后一步。

一旦无人机产品上市，营销团队就会重新开始研究新的市场趋势或增加新功能。通常所有的局限性和技术差距将在未来修订的产品中解决。这种产品的生命周期可以一直持续下去，不仅对无人机，对任何电子产品也都是如此。

附录 1
电路图基础

电路图是对硬件进行设计、构建和故障排除的主要文档。

大多数情况下，架构或功能块被分解成电路图页面并连接在一起。每个子系统、电力输送和互连都可能有单独的部分。电路图覆盖每一个电气子系统。页面的排序按有利于设计人员或测试工程师稍后可以轻松逐块导航的方式进行。在设计评审和测试阶段，电路图有尽人皆知的方法可以采用，使其在美观、易读和易于理解方面更加突出。

页面内或跨页面的组件或符号通过称为网络的导线连接起来。点对点网络是用唯一的信号名连接的。信号名称基于电气接口类型编写。还有像电力节点这样的全局网络，它们可以连接在整个电路图的多个页面上运行的许多设备。

不同的组件在结构图中使用不同的参考符号进行识别。

对于任何一位电子工程师，理解如何阅读和遵循电路图都是一项重要的技能。

一些标准的各种组件的基本电路图符号如下所示：

电阻

电容

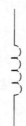

电感

二极管

三引脚 / 连接器

IC（20 引脚缓冲区）

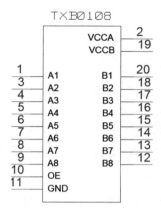

带安装孔（M1～M4）的轻触开关

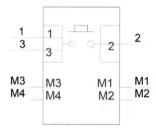

电源

接地

晶体管

类似于这些符号，还有独特的方式代表逻辑门、放大器、振荡器和晶体、变压器、保险丝、继电器等。利用电路图，可以简单地描述电路的组成、连接和操作，使之易于理解。

每个部分将提供独特的参考标识，以便从电路图和布局中识别它们。对于电阻器、电容器、电感器和其他分立元件，还会识别出额定值和其他细节。而集成电路是用版本号和部件号来标识的。

阅读电路图

阅读电路图的第一步是理解元器件。以及它们是如何通过网络和节点相互连接的。每个网络名都将提供独特的标签。

下面是带有网络连接的板到板连接器，它提供了唯一的网络名称。

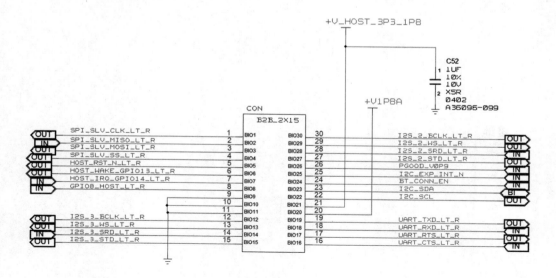

通常情况下，电路图应该被分解成不同的功能块，并通过多个页面发布。大多数电路图是按照从电源输入到系统引导流的顺序绘制的。绘制电路图没有标准的做法。为了便于理解，最佳实践是将输入放在每个块的左侧，而输出放在右侧。

布局基础

PCB 布局设计已经存在了几十年，但它的意义还没有消失。随着时间的推移，人们进行了大量的定制和小型化，以获得用于可穿戴设备的更小 PCB 电路板。在嵌入式系统的日常设备成为 Internet 连接设备的时代，PCB 设计仍在满足这种需求，同时越来越高级，需求越来越大。

尽管 PCB 技术和设计工具有了如此多的进步，但版图 CAD 设计仍然是一样的。熟练的 CAD 设计工程师必须手工在 PCB 上对连接进行放置和布线。

对于从事系统设计的工程师来说，学习印制电路板是绝对必要的。

第一步是在布局工具中按照平面图设置图层。修正电路板的轮廓和各层细节。从电路图设计中导入网表。上面显示的所有图表符号将与等效的布局符号以及参考指示符和属性一起导入到布局中。

一旦元器件和连接细节一起导入，就按照平面图完成组件的放置。根据系统要求冻结放置位置。

根据指南启动信号布线。最后做电力布线。

设计师可以在布局查看器上查看电路板文件，逐层地通过并确保所有任务都符合电气准则。不要在设计的任何地方违反物理定律。

电子系统设计通信接口

电子系统接口支持电子电路或系统进行内部和外部通信。通信接口支持传输模拟信号或数字数据。

每个电子系统都通过传送器（Tx）子系统与其他系统通信，通过接收器（Rx）子系统接收数据。两个系统之间的中间层就是通讯通道。然而，当模拟信号或数字数据通过通信通道传输时，可能会给信号增加噪声，从而有可能破坏数据。必须非常小心，以确保电子系统不使用损坏的信息。

尽管信息可以用模拟信号或数字数据方式发送或接收，但数字数据传输越来越常见，它采用并行或串行数据传输：

并行数据传输。数据的多个比特同时传输，支持高速数据传输。

串行数据传输。每次传输一位数据（串行比特流）。串行数据传输需要更长的时间，但是当数据在电线（通常是铜线）上传输时，串行比并行数据传输需要更少的电线。串行数据传输也适用于通过光纤和无线方法进行数据传输。

许多系统支持多个并行和串行通信标准。

对于同步数据传输，发射机和接收机所见的是单独的时钟。实际上，发射机和接收机可能只有一个共同的时钟。

在数据传输过程中，当噪声加到信号上，并当噪声大到足以破坏正在传输的数据时，就会发生错误。发送电路可以包括数据传输前向数据添加信息的能力，接收电路可以包括识别接收到的数据是否正常或已损坏的能力。校验错误的一种简单方法是使用奇偶校验，即在数据中添加一个比特并与数据一起传输。以数据的一个字节（8 位）为例，奇偶校验检查有两种类型：

奇数奇偶校验编码，如果这个字节中逻辑 1 的个数是偶数，将把校验位设置为逻辑 1，那么逻辑 1 的总数是奇数。如果接收器接收到奇数个逻辑 1，那么它将确认此字节被正确传输。

偶数奇偶校验编码，如果这个字节中逻辑 1 的数量是奇数，将奇偶校验位设置为逻辑 1，那么逻辑 1 的总数量是偶数。如果接收器接收到偶数个逻辑 1，那么它将确认此字节被正确传输。

奇偶校验是一种基本的方法，大多数通信系统还包括更复杂的功能。

信道的特性也必须考虑，数据可能需要在传输前进行调制。调制有两种形式：

基带信号是产生的数字 1 和 0。使用基带信号在 PCB 上和 PCB 上的 IC 之间通信。这些信号的频率范围从直流电到高频值。

调制信号是被载波信号调制过的基带信号，因此整个信号现在处于更高的频率。调制支持基带信号通过特定的通信信道传输。当发送和接收调制信号时，电子系统必须包括一个调制器和一个解调器。

　　信号通过通信信道的传输可以是单向的，也可以是双向的，因此设计人员必须决定通信是单工、半双工还是全双工：

　　单工，在单信道中数据传输是单向的。

　　半双工，在单信道上数据传输是双向的。这意味着数据传输的方向会发生变化，这样系统就能接收或发送数据，但不能同时接收和发送数据。

　　全双工，数据在两个信道上双向传输。这意味着电子系统能够同时接收和发送数据。

　　最后，信号将通过电线、光纤或无线方法通过通信信道传输。

　　有线传输用金属线，通常是铜线来传输电信号。

　　光纤传输将电信号转换成光信号并沿光纤传输。它支持高传输速率和低损耗，因此信号可以长距离传输并具有低误码率。电信号由产生非相干光的发光二极管（LED）产生或由产生相干光的激光器产生。在接收端，使用光电二极管或光电晶体管将信号转换回电信号。

　　无线传输，将电信号调制并应用到天线上的一种技术。比较流行的调制方法是 AM（振幅调制）、FM（频率调制）和 PM（相位调制）。信号通过自由空间传输，在接收端，另一个天线接收传输信号，解调并恢复它。在使用它之前，它必须被放大。

高速接口

　　由于电子设备对高带宽和高性能的要求，高速串行接口在芯片中卓有成效。在单个单片集成电路中，围绕不同的高速接口开发了各种标准。然而，从硅片设计的角度来看，不同的标准也有不同的要求。创建一个满足不同标准要求的高速接口单元成为一个聪明的设计主张。

　　只有了解新出现的高速接口标准之间的差异，以及在通用实现中涉及的权衡，系统设计者才能更好地为他的应用程序选择合适的设备。

　　基本上，一个给定的高速链路可以被设计为三个元素的组合，分别是发射机、传播信号的信道和接收器：

信道可能像用于互连两个芯片 PCB 线路那么简单，也可能会复杂得多。例如，对于广域网背板应用，"信道"可能有由连接器连接的 PCB 线路长度的几倍。对于远程标准，信道也可能有光学成分，因为远程传输需要它。

在理想系统中，数字信号的边缘总是出现在信号周期的整数倍处。在真实系统中，数字信号的边缘会在中心点附近分布，中心点是数字信号的平均周期。

抖动定义为数字信号边缘位置的变化。通常指定三个抖动成分：抖动生成、抖动容忍度和抖动传输。抖动生成是指假定该设备的参考时钟为无抖动的设备所产生的抖动量。抖动容忍度是设备能够承受且仍能可靠地接收数据的最大抖动量。抖动传输是对从设备的接收端传输到设备的传输端抖动量的度量。

高速接口标准对抖动的要求差别很大。确定性抖动是由信道带宽不足导致符号间干扰，或由脉宽畸变导致数据时钟计时误差而产生的抖动。随机抖动通常假设为高斯分布，由热噪声等物理噪声产生。正弦抖动用于测试接收器在抖动频率范围内的抖动容忍度，而不是已部署系统中会遇到的抖动类型。

可以采取多种方法来满足抖动要求。由于许多这些高带宽接口使用源同步时钟，因此所生成时钟中的抖动是值得关注的。这样的系统受益于使用高质量的晶体和锁相环来产生主板时钟用于时钟的大部分系统逻辑，因为从接收到的数据中恢复出的时钟，相对于高质量的晶体振荡器，通常具有大的抖动。

可以对输出信号进行预加重（pre-emphasis），以确保接收信号在考虑了频率相关信道的有害影响后具有明确的形状。时钟和数据恢复（clock-and-data-recovery）所需锁相环电路的接收器必须能够准确地跟踪输入数据。接收机也可以使用均衡器来重塑接收脉冲并"打开接收到信号的眼睛"。

脉冲成形

上述预加重和均衡技术是脉冲成形的方法，其中波形的形状被修改为"打开"眼睛图。预加重是通过加重输出波形的高频内容来完成的，并由发射机来完成。均衡是通过加重输入波形的高频内容来完成的，并由接收机来完成。加重高频内容是必要的，因为信道频率响应是低通响应。

一种更简单的常见预加重技术是临时增加发射机的电轨电压，用于 0-1 或 1-0 的过渡。这种技术加速了电路的上升和下降时间，因为在过渡之后，输出可以"稳定"到更接近共模电压的电压，以便公共信号的连续运行。这种技术的优点是实现它所需要的电路面积最小，因为它可以使用数字逻辑，而不需要复杂模拟滤波器。

差分接口结构的一个例子被许多 CMOS 差分电路使用，发射机可能被 AC 或 DC 耦合到接收机。对于直流耦合，发射机输出线直接连接到接收机输入线——所以任何发射机输出线上的直流电压都呈现到接收端输入线。因此，直流耦合接收机的共模电压会随着发射机的共模电压的变化而变化。

对于交流耦合链路，发射机输出线通过串联电容器连接到接收机输入线，电容器起到阻挡直流的作用。交流耦合接收器可以控制它的共模电压，因为交流耦合电容器作为一个直流块——发射机不能改变接收机的共模电压。交流耦合是可能的，因为主题协议的最大运行长度（连续的 1 或 0 的数量）是有限的（模式必须是直流平衡的）。当协议的最大行程长度太大时，交流耦合是不可能的。

差分发射机与差分接收器配对，然而，尽管差分发射机体系结构相对标准化，但仍有许多不同的差分接收器体系结构在使用中。直流耦合的示例接收器结构耦合到差分发射机。

交流耦合高速连接的优点之一是接收器设计师可对共模电压进行控制——设计人员可以针对特定的共模电压优化接收电路，因为输入信号不会有任何直流分量。因此，对于特定规范对抖动的要求，采用交流耦合接收机可能比采用直流耦合接收机可以满足的充裕度更大。

其结果是，对于相同的一组规格，直流耦合发射机的设计可能比交流耦合发射机的设计更容易。此外，对于同一组规格，设计一个交流耦合接收器比设计一个直流耦合接收器容易。

可靠性 / 耐用性

可靠性的首要问题是 ESD 保护。由于多千兆标准的 I/O 定义是高数据速率，I/O 必须有低电容。对低电容的要求导致了新颖的 ESD 结构，以确保 I/O 完全受到保护，而不会引入高电容对上升时间的有害影响。这样的有害影响包括支持带宽的减少和抖动及功耗的增加。

低速通信接口

最常见的低速通信接口有 I2C、SPI 和 UART。

同步接口（如 SPI 或 I2C）和异步接口（如 UART）之间的主要区别在于定时信息从发送器传递到接收器的方式。同步通信外围设备需要一条专用于时钟信号的物理线，以提供两个设备之间的同步。

附录 2
参考资料

电气硬件系统设计是复杂的，需要多学科的经验。系统的质量、耐久性和成本取决于架构师所做的选择。为了熟悉本书没有完全涵盖的内容（包括电路设计、电路图设计、布局设计、测试、验证和认证），鼓励读者通过以下参考资料进一步学习：

http://www.circuitbasics.com/make-custom-pcb/
https://www.pcbcart.com/article/content/pcb-assembly-process.html
https://www.hackster.io/muunbo/how-to-bring-up-a-pcb-cb2a78
https://www.fedevel.com/welldoneblog/2013/10/9-steps-to-bring-up-a-freescale-i-mx6-board-to-life/
https://emcfastpass.com/emc-testing-beginners-guide/emissions/
http://airborn.com.au/method/layout.html
http://www.omnicircuitboards.com/blog/bid/289774/Understanding-PCB-Manufacturing-Multilayer-Assembly
https://www.propertycasualty360.com/2016/04/28/14-things-you-need-to-know-about-commercial-drones/?slreturn=20180816080124
https://www.wired.com/story/guide-drones/
https://wpo-altertechnology.com/drones-product-safety/
https://blog.assentcompliance.com/index.php/what-is-product-compliance/
https://www.dekra-product-safety.com/en/solutions/chemical-safety-testing
http://www.tracglobal.com/content/emission-testing
https://www.worldscientific.com/worldscibooks/10.1142/10241
https://top-10-drones.com/blog/choose-motor-propeller-quadcopter/

结　　语

　　我们的目标是对电气系统设计提供良好的概述。读者被带入系统设计的迷人和具有挑战性的世界，开始考虑从设计流程直到认证的每一环节。无人机系统示例包含工业设计、机械设计、电子硬件设计和实时软件设计等多个方面。希望我们在很大程度上成功地为读者提供了坚实的基础，以便读者能够自己进一步探索。

　　为了进一步积累经验并深刻体会这一主题，鼓励读者学习一些额外的嵌入式系统的例子，如机顶盒、Wi-Fi 路由器、家庭自动化物联网系统、监视器等。可以先从研究标准的拆卸报告开始，更有效的方法是对小系统进行高层设计，以满足现实世界中的特定需求。